走进大学
DISCOVER UNIVERSITY

什么是哺乳动物？

MAMMALS:
A VERY SHORT INTRODUCTION

[英] T.S.肯普 著
田天 王鹤霏 译

大连理工大学出版社
Dalian University of Technology Press

MAMMALS: A VERY SHORT INTRODUCTION, FIRST EDITION was originally published in English in 2017. This translation is published by arrangement with Oxford University Press. Dalian University of Technology Press is solely responsible for this translation from the original work and Oxford University Press shall have no liability for any errors, omissions or inaccuracies or ambiguities in such translation or for any losses caused by reliance thereon.
Copyright © T. S. Kemp 2017
简体中文版 © 2024 大连理工大学出版社
著作权合同登记 06-2022 年第 205 号
版权所有·侵权必究

图书在版编目（CIP）数据

什么是哺乳动物？/（英）T. S. 肯普著；田天，王鹤霏译．－－大连：大连理工大学出版社，2024.9
书名原文：Mammals: A Very Short Introduction
ISBN 978-7-5685-4838-0

Ⅰ.①什… Ⅱ.①T…②田…③王… Ⅲ.①哺乳动物纲－普及读物 Ⅳ.① Q959.8-49

中国国家版本馆 CIP 数据核字 (2024) 第 010633 号

什么是哺乳动物？SHENME SHI BURU DONGWU?

| 出 版 人：苏克治
| 策划编辑：苏克治
| 责任编辑：张　泓　李舒宁
| 责任校对：周　欢
| 封面设计：奇景创意

出版发行：大连理工大学出版社
　　　　　（地址：大连市软件园路80号，邮编：116023）
电　　话：0411-84708842（发行）
　　　　　0411-84708943（邮购）　0411-84701466（传真）
邮　　箱：dutp@dutp.cn
网　　址：https://www.dutp.cn

印　　刷：辽宁新华印务有限公司
幅面尺寸：139mm×210mm
印　　张：7.125
字　　数：152千字
版　　次：2024年9月第1版
印　　次：2024年9月第1次印刷
书　　号：ISBN 978-7-5685-4838-0
定　　价：39.80元

本书如有印装质量问题，请与我社发行部联系更换。

出版者序

高考，一年一季，如期而至，举国关注，牵动万家！这里面有莘莘学子的努力拼搏，万千父母的望子成龙，授业恩师的佳音静候。怎么报考，如何选择大学和专业，是非常重要的事。如愿，学爱结合；或者，带着疑惑，步入大学继续寻找答案。

大学由不同的学科聚合组成，并根据各个学科研究方向的差异，汇聚不同专业的学界英才，具有教书育人、科学研究、服务社会、文化传承等职能。当然，这项探索科学、挑战未知、启迪智慧的事业也期盼无数青年人的加入，吸引着社会各界的关注。

在我国，高中毕业生大都通过高考、双向选择，进入大学的不同专业学习，在校园里开阔眼界，增长知识，提升能力，升华境界。而如何更好地了解大学，认识专业，明晰人生选择，是一个很现实的问题。

什么是哺乳动物？

为此，我们在社会各界的大力支持下，延请一批由院士领衔、在知名大学工作多年的老师，与我们共同策划、组织编写了"走进大学"丛书。这些老师以科学的角度、专业的眼光、深入浅出的语言，系统化、全景式地阐释和解读了不同学科的学术内涵、专业特点，以及将来的发展方向和社会需求。

为了使"走进大学"丛书更具全球视野，我们引进了牛津大学出版社的 *Very Short Introductions* 系列的部分图书。本次引进的《什么是有机化学？》《什么是晶体学？》《什么是三角学？》《什么是对称学？》《什么是麻醉学？》《什么是兽医学？》《什么是药品？》《什么是哺乳动物？》《什么是生物多样性保护？》涵盖九个学科领域，是对"走进大学"丛书的有益补充。我们邀请相关领域的专家、学者担任译者，并邀请了国内相关领域一流专家、学者为图书撰写了序言。

牛津大学出版社的 *Very Short Introductions* 系列由该领域的知名专家撰写，致力于对特定的学科领域进行精炼扼要的介绍，至今出版700余种，在全球范围内已经被译为50余种语言，获得读者的诸多好评，被誉为真正的"大家小书"。*Very Short Introductions* 系列兼具可读性和权威性，希望能够以此

出版者序

帮助准备进入大学的同学,帮助他们开阔全球视野,让他们满怀信心地再次起航,踏上新的、更高一级的求学之路。同时也为一向关心大学学科建设、关心高教事业发展的读者朋友搭建一个全面涉猎、深入了解的平台。

综上所述,我们把"走进大学"丛书推荐给大家。

一是即将走进大学,但在专业选择上尚存困惑的高中生朋友。如何选择大学和专业从来都是热门话题,市场上、网络上的各种论述和信息,有些碎片化,有些鸡汤式,难免流于片面,甚至带有功利色彩,真正专业的介绍尚不多见。本丛书的作者来自高校一线,他们给出的专业画像具有权威性,可以更好地为大家服务。

二是已经进入大学学习,但对专业尚未形成系统认知的同学。大学的学习是从基础课开始,逐步转入专业基础课和专业课的。在此过程中,同学对所学专业将逐步加深认识,也可能会伴有一些疑惑甚至苦恼。目前很多大学开设了相关专业的导论课,一般需要一个学期完成,再加上面临的学业规划,例如考研、转专业、辅修某个专业等,都需要对相关专业既有宏观了解又有微观检视。本丛书便于系统地识读专业,有助于针对性更强地规划学习目标。

什么是哺乳动物?

三是关心大学学科建设、专业发展的读者。他们也许是大学生朋友的亲朋好友,也许是由于某种原因错过心仪大学或者喜爱专业的中老年人。本丛书文风简朴,语言通俗,必将是大家系统了解大学各专业的一个好的选择。

坚持正确的出版导向,多出好的作品,尊重、引导和帮助读者是出版者义不容辞的责任。大连理工大学出版社在做好相关出版服务的基础上,努力拉近高校学者与读者间的距离,尤其在服务一流大学建设的征程中,我们深刻地认识到,大学出版社一定要组织优秀的作者队伍,用心打造培根铸魂、启智增慧的精品出版物,倾尽心力,服务青年学子,服务社会。

"走进大学"丛书是一次大胆的尝试,也是一个有意义的起点。我们将不断努力,砥砺前行,为美好的明天真挚地付出。希望得到读者朋友的理解和支持。

谢谢大家!

苏克治

2024年8月6日

序 言

《什么是哺乳动物？》一书的著者 T. S. 肯普先生，我并不相识。译者田天博士，是我半个门生，经他相邀，希望我为书作序。我倍感荣幸，但有些惶恐。对于动物学和古生物学，可能与本书的大多数读者一样，我的了解多半是兴趣。从何落笔，思忖良久。

2001 年，我进入中国科学技术大学工作，在环境领域躬耕了二十余个年头。我很庆幸，在这二十年间亲历了我国环境事业的巨大进步和环境质量的向好发展。自然和生命，既是环境科学探索的重要领域，也是人类自我认知的关键载体。通过认识自然，师法自然，我们找到了解决环境问题的钥匙；通过探索生命，感悟生命，我们打破了禁锢自我意识的枷锁。

对于自然和生命，或者说对于人类与自然而言，哺乳动物可能是一个极为特殊的纽带。在本书中，我们跟随 T. S. 肯普先生，从亿万年前的化石中，探寻它们的过去；访遍地球的每一

什么是哺乳动物？

处角落，经历它们的现在；审视文明的每一次进步或浩劫，思量它们的未来。这何尝不是一趟寻踪问祖的旅程？又何尝不是一个触及灵魂的问题？T.S.肯普先生用朴素的情感和细腻的语言，将旅程的故事和问题的答案娓娓道来。

当然，字里行间之中，也流露出老田，作为一个环境人对哺乳动物，对自然和生命的关切。同时，我也进一步感受到一位理工男优美的文笔和扎实的功底。这着实让我欣慰。

何为哺乳动物？也许这不仅仅是一个字面上的问题。

谨向 T.S. 肯普先生和老田致以真诚的敬意。是为序。

中国工程院院士　俞汉青

2023 年 9 月 15 日于合肥

目　录

第一章　何为哺乳动物？　　　　　　　　　　001

第二章　哺乳动物的生理习性　　　　　　　　011

第三章　哺乳动物的起源　　　　　　　　　　045

第四章　哺乳动物的辐射进化　　　　　　　　061

第五章　食肉哺乳动物　　　　　　　　　　　081

第六章　食草哺乳动物　　　　　　　　　　　089

第七章　掘穴动物和掘地动物　　　　　　　　111

第八章　水栖哺乳动物　　　　　　　　　　　123

第九章　飞行哺乳动物　　　　　　　　　　　147

第十章　灵长类动物　　　　　　　　　　　　159

第十一章　人类与哺乳动物：过去和未来　　　181

名词表　　　　　　　　　　　　　　　　　　195

"走进大学"丛书书目　　　　　　　　　　　　211

第一章
何为哺乳动物?

01

什么是哺乳动物？

我们人类是哺乳动物。当然，马、狮子、鼹鼠、食蚁兽，以及轻至2克的大黄蜂蝙蝠和重至100吨的蓝鲸等皆是哺乳动物。它们之所以被称作哺乳动物，是因为具有某些区别于其他种类动物（如鱼类、爬行动物和鸟类）的特征。它们当中的雌性拥有乳腺，用于分泌乳汁以哺育它们的幼崽——哺乳动物因此而得名。哺乳动物的下颌长有一块下颌骨，耳朵长有三块听小骨（镫骨、砧骨和锤骨）。此外，它们还拥有一个非常大的前脑和一个恒温的躯体，并伴有高水平的能量消耗。这些特征及它们拥有的许多其他共同的特征告诉我们：所有哺乳动物都源自一个共同祖先，这就是为什么要将它们作为脊椎动物的一个类群，归为正式的哺乳纲（Mammalia）。

除上述特征外，大多数哺乳动物还拥有许多其他的共同

第一章 何为哺乳动物？

特点。例如，它们通过胎生而非卵生的方式繁育后代（鸭嘴兽和针鼹除外）；它们周身覆盖皮毛以减少身体热量的损失（鲸类、穿山甲和人类除外）；它们长有大且带尖的磨牙以有效地咀嚼食物（食蚁兽和须鲸除外）；同时，它们的四只脚在行走时位于身体的下方（蝙蝠、鼹鼠和长臂猿除外）。这些例外表明哺乳动物进化出了惊人的物种多样性。纵观哺乳动物，它们或稳步行走，或奔跑跳跃；或掘地穴居，或栖于树上；或畅游深海，或翱翔长空。哺乳动物中有的以比自己体形更大的哺乳动物为食，有的则仅以蚂蚁和白蚁为食，或者以鱼为食。每一种你能够想象到的植物，从营养丰富的水果和坚果，到叶片和块茎，再到枯叶、树皮和细枝，都会为一种或另一种哺乳动物所利用。

此外，哺乳动物几乎能生活在世界上的任何地方。北极狐能够在 $-70\ ℃$ 的环境中生存，骆驼、大羚羊和许多啮齿类动物则生活在极炎热的沙漠之中；而热带森林和草原更是遍布着哺乳动物的足迹。不论是在淡水、海洋之中，还是在高高的雪山之上，哺乳动物都展现出蓬勃的生机。将它们联系在一起的是它们本质上相似的生理习性，我们称之为"哺乳动物性"，也恰是这种特性使得哺乳动物在外表、生活方

什么是哺乳动物？

式和生活环境选择上如此多样化。我们很快将探讨这种"哺乳动物性"的生理习性的本质。但首先，我们必须快速地浏览一下今天遍布在地球上的、分属不同群体和种类的哺乳动物。

现存哺乳动物的种类

现存的大约5 500种哺乳动物可划分为三个非常不均等的类群。

第一个类群是单孔目动物（单孔目，Monotremata），主要分布在大洋洲，仅仅包括鸭嘴兽（鸭嘴兽属，*Ornithorhynchus*）和针鼹（又称刺食蚁兽，分为针鼹属*Tachyyglossus*和原针鼹属*Zaglossus*）两类。它们很久以前便与其他哺乳动物分隔开来，是仅有的仍然通过产卵（尽管胚胎只在卵中停留非常短的时间）而不是胎生方式生育幼崽的哺乳动物。待幼崽破壳而出后，它们就会像其他哺乳动物一样从母亲的乳腺中吸取乳汁，度过一个极不成熟且没有自理能力的发育阶段。除了这一点及骨骼的一到两处技术特征（不同）之外，单孔目动物与其他哺乳动物在一般生理习性方面再无不同之处。而这样的技术特征（这些不同）则是专门针对它们各自

第一章 何为哺乳动物？

的生活方式而服务的：拥有向侧面而不是向下伸展的短肢，这样鸭嘴兽就可以用它们游到湖底和河底捕捉无脊椎动物，而针鼹则用它们挖出蚂蚁和白蚁作为吃食，挖掘洞穴作为居所。

第二个类群是有袋类动物（有袋目，Marsupialia），分布在大洋洲、南美洲及北美洲的小部分地区。它们之所以拥有这个名字，是因为它们当中雌性的腹部有一个育幼袋，可以用来安置和保护新生育的后代。每个成长中的幼崽都会紧紧咬住母亲的乳头吃奶，直到发育得足够成熟。目前，世界上只有大约500种有袋类动物，仅占所有现存哺乳动物的10%。然而，有袋类动物却有许多不同的物种。其中，中到大型的食草动物有袋鼠、考拉及形似棕熊的袋熊，它们长有专门用来嚼碎食物的齿系。袋鼬则是一类食肉动物，包括著名的袋狼（形似狼），因身上有黑褐色的横斑又名塔斯马尼亚虎。但很遗憾，这种生物在20世纪初灭绝于人类的猎杀之下。最后一只名叫本杰明的袋狼在1936年9月7日死于塔斯马尼亚岛上的霍巴特动物园，自那以后，尽管不时会有关于有人目击到可能是袋狼的报道，甚至还出现了所谓的照片，但没有足以令人信服的证据。当今尚存的袋鼬中，有一种叫

什么是哺乳动物？

作袋獾，是小型的似鬣狗一般的动物，以暴躁和好斗著称，也被唤作塔斯马尼亚恶魔。大多数有袋类动物都是体形较小的食虫动物和杂食动物，例如，兔子般大小的袋狸，还有负鼠。澳大利亚袋貂中，有一些物种栖息于高高的林冠层，它们是专业的滑翔动物。这种滑翔能力主要得益于它们伸出的四肢之间有一层皮膜，可以帮助它们从一棵树滑翔到另一棵树，最远可达100米。袋鼹是有袋类动物中另一个适应能力超强的物种。其体形如普通的鼹鼠，眼隐于皮下，耳无耳壳，四肢短小结实。袋鼹在澳大利亚的沙漠中挖掘洞穴，以地下甲虫幼虫和其他昆虫为食，甚至当它遇到小蜥蜴的时候，也会饱餐一顿。

第三个类群，也是迄今为止最大的哺乳动物类群是胎盘类动物（Placentalia）。不同于有袋类动物，胎盘类动物的胚胎在母体子宫内发育停留的时间要长得多，在那里它们与一个具有多层结构的胎盘相连，这种胎盘相较于有袋类动物那种结构简单而且寿命较短的胎盘而言，可以保持更长时间的活性。因此，胎盘类动物的幼崽在出生时发育得更加成熟，同时，在独立之前，其依赖母乳的时间也相对更短。胎盘类动物大约有5 000种20目，其中有近3 000种是啮齿动物和

第一章 何为哺乳动物？

蝙蝠。因此，如果要选出一种"典型的"哺乳动物，它应当是一种夜间活动的小型食虫动物或杂食动物。

直到 21 世纪初，我们对于胎盘类动物各个目之间的进化关系还是完全不清楚的。但从那时起，科学家利用基因序列技术来探索这些关系，尽管有些关系在一定程度上令人惊讶，但他们还是建立起一个被广泛接受的完整的系统发生树。胎盘类动物包含三个总目，分别与它们最初进化的大陆有关。每一个总目都是很久以前地理上独立的辐射进化的结果，顾名思义，由几个目组成。

异关节总目（Xenarthra），又称贫齿总目，规模相对较小，近亲极少，只由南美洲和中美洲的哺乳动物组成，包括犰狳、树懒，以及食蚁兽（如小食蚁兽）。除了分子相似性之外，异关节总目动物还有一个非常独特的解剖学特征——有附加的关节连接脊柱中的椎骨。

非洲兽总目（Afrotheria）最早的化石记录集中于非洲大陆。其中包括：大象（长鼻目，Proboscidea）；蹄兔，如岩蹄兔（蹄兔目，Hyracoidea）；完全的海洋生物儒艮和海牛（海牛目，Sirenia）；像鼩鼱一样的马岛猬（无尾猬科，

什么是哺乳动物？

Tenrecidea）；长吻象鼩（象鼩目，Macroscelidea）；金毛鼹（金毛鼹科，Chrysochlorida）；独一无二的以蚂蚁和白蚁为食的土豚（又称非洲食蚁兽，管齿目，Tubulidentata）。

北方兽总目（Boreoeutheria），是最大的胎盘类动物总目。这个名字源自它们最初所在的北方大陆。这些大陆曾一度组成单一的大陆块，被称为劳亚大陆（Laurasia，其名称由劳伦大陆Laurentia和欧亚大陆Eurasia组成），但后来分裂成北美洲、格陵兰和欧亚大陆。大多数北方兽类动物类群很早之前就迁徙到了南部大陆（非洲和南美洲），一些啮齿动物和蝙蝠甚至抵达了大洋洲。北方兽类实际上有两个分支。其中一个分支由灵长类动物、啮齿动物（啮齿目，Rodentia）、兔子（兔形目，Lagomorpha）、树鼩（树鼩目，Scandentia）和飞狐猴（皮翼目，Dermoptera）组成。这个分支被冠以一个拗口却又合乎逻辑的名字：灵长目（Superorder Euarchontoglires）。其中，统兽目（Archonta）是哺乳动物的一个旧分类单元，包括灵长类、树鼩类、猫猴类和蝙蝠，但这一分类单元并不可取，因为现在我们知道蝙蝠并不属于其中；啮齿目（Glires）则是包括啮齿动物和兔子在内的分类单元名称。北方兽类另一分支由几种非

第一章 何为哺乳动物？

比寻常的动物组成，它们共同构成了劳亚兽目（Superorder Laurasiatheria）。该目中特异性最低的是体形较小的食虫鼩、鼹鼠和刺猬（真盲缺目，Eulipotyphla），特异性最高的是蝙蝠（翼手目，Chiroptera），然后是中到大型食肉动物，如狗、猫、鬣狗、猫鼬、熊和熊猫。世界上大多数中到大型食草哺乳动物也属于劳亚兽目，它们当中有奇蹄动物（奇蹄目，Perissodactyla，有五个、三个或者一个蹄形脚趾，如马、犀牛和貘）和偶蹄动物（偶蹄目，Artiodactyla，它们有偶数的脚趾）。偶蹄动物的数量要比奇蹄动物多得多，它们支配着世界上的大草原及大部分的森林。比如，羚羊主要分布在非洲，鹿分布在北方大陆，以及那些人们熟知的动物，如猪、绵羊和山羊、牛、长颈鹿、骆驼、大羊驼还有河马。不过令人诧异的是，鲸类（鲸目，Cetacea，鲸和海豚）尽管跟偶蹄动物有着巨大的解剖学差异，但分子序列的相似性表明它们无疑也是由偶蹄动物进化而来的。当人们发现这一点时，便不得不创造出一个包括这两种动物的新的分类单元：鲸偶蹄目（Cetartiodactyla）。事实上，鲸现存的近亲其实是河马，这想来也是一件趣事，因为尽管它们存在着不小的差异，但它们都是大型水生哺乳动物。最后一种劳亚兽目的动

什么是哺乳动物？

物是穿山甲（鳞甲目，Pholidota），它们拥有强壮有力的爪子，以蚂蚁为食。匪夷所思的是，它们的保护层并非毛发，而是角质鳞甲；同时，它们还拥有一条可以用来把身体悬挂在树枝上以保安全的尾巴。

第二章
哺乳动物的生理习性

什么是哺乳动物？

如果想要了解哺乳动物和它们令人惊叹的多样性，我们首先必须清楚它们共同的基础生理习性。然后，不同种类哺乳动物的生理习性和它们的多样性就可以得到解释，因为它们的一般性——"哺乳动物性"——在进化过程中被改造，以此来适应许许多多不同的生活方式和生活环境。

哺乳动物为何又如何保持温暖和活跃？

哺乳动物的代谢率是弄清楚它们如何在极为广泛的生活环境中找到各自生活方式的关键。代谢率是衡量动物细胞中通过化学作用产生其活动所需能量的速度的标准。这些活动林林总总，包括移动时的肌肉收缩、许多身体功能，以及大脑中大量感官信息的处理。当环境寒冷时，哺乳动物也需要将能量转化为热量来阻止体温降低。所有这些能量均来自食物中碳水化合物和脂肪分解为水和二氧化碳时的过程。动物个体的代谢率都在一定的范围内变化：从休息时的最低水平或基础水平到最高水平（例如，当它尽力奔跑时的代谢水平）。当然，不论是基础水平，还是最高水平，代谢率在不同种类生物之间的差异是巨大的。就哺乳动物而言，它们的代谢率可以说是超乎寻常地高：拿蜥蜴或鳄鱼来说，哺乳动物的代谢率比它们高出 5～10 倍。哺乳动物具有如此高的代谢率有两个主要原因：其一是它可以让哺乳动物保持更高水平的持续活动能力，使它们不会在奔跑或者搏斗当中喘不过气来，也不必停下来休息——可以想象一下狼群追逐鹿群的场面。其二是额外产生的热量能够使哺乳动物的身体保持较高的恒定温度，使其可以在一个更宽的环境温度范围中活力满满地生活，譬如夜间和白昼，又如严冬和盛暑——可以想象一下昼伏夜出的蝙蝠和生活在极地的北极熊。

这种体温生理学形式包括高代谢率、高且恒定的体温及最高活动水平，被人们称作内温性，因为主要的热源来自身体组织内部的化学反应，而不像外温动物（如两栖动物和爬行动物）那样来自外界环境。哺乳动物生活中的每一个方面都在无形中以这样或那样的方式与内温性联系在一起，要么是内温性产生过程的一部分，要么是内温性产生后果的一部

什么是哺乳动物？

分。高代谢率是由于细胞内大量的线粒体活动所造成的结果。这些线粒体是细胞呼吸的场所，它们产生的热量通过血液流通遍布周身，用来维持体温。当哺乳动物休息时，其肝脏、肾脏、肠道和大脑产生的热量最多，而在活动时，则是肌肉产生最多的热量。

哺乳动物保持体温恒定的方法是利用身体组织中产生的大量热量将体温提升到高于外界的温度。这样就会产生一个温度梯度，从而使热量从身体向环境散失。通过打开或闭合皮肤毛细血管的方式，哺乳动物就可以改变流向皮肤的温血量，从而改变每分钟通过皮肤流失的热量多少，精细控制热量消耗速度的快慢。

此外，哺乳动物能够通过使毛发蓬松或者扁平来裹住一层更厚或更薄的空气，从而改变皮毛所提供的隔热效果。如果体温升得过高，比如在活动的时候，热量的散失就会增多；而当体温降得太低，比如在深夜里，热量的散失也会降低。然而，哺乳动物仅仅依靠这种方式就能控制体温是受外界温度范围限制的，这个温度范围称作热中性区，如图 1（a）所示。当外界温度高于热中性区时，哺乳动物的身体无法通过

第二章 哺乳动物的生理习性

皮肤来快速散热，这种情形之下，热量的散失速率必须借助蒸发来提高：比如将热量以汗液的形式通过汗腺扩散至皮肤表面，或是通过浅喘气将热量由口腔黏膜扩散出去。反之，如果环境温度低于热中性区，热量散失的速度太快以至于皮肤无法有效阻止体温的降低，这种情形则要求身体必须增加热量的产生。热量的增加可以通过肌肉的颤抖产生额外的热量，或是在更长的时间尺度上（例如寒冷的季节里），则可以通过提高基础代谢率的方式增加热量的产生，如图1（b）所示，通过这种方式，哺乳动物相比于外温动物可以在一个相对更宽的外界温度范围内生存和活动，爬行动物和两栖动物则只能借助太阳来维持体温在一个合适的水平上。此外，不同哺乳动物物种进化出了不同的热中性区，用来适应它们特定的生境。举一个极端的例子：北极狐拥有一层非常厚的皮毛，这使得其热中性区下限约为 -40 ℃，也就是说，它可以在不增加代谢率的前提下忍耐住这样的低温。当外界温度低于 -40 ℃时，它就会提高代谢率，以使其在低至 -70 ℃的温度下存活并且保持活力。但是，如果北极狐过于活跃的话，即使在略高于冰点的温度条件下，它也会面临身体过热的风险。相比之下，典型的小型热带哺乳动物的热中性区下限则

什么是哺乳动物?

远远超过 20 ℃。一方面,当外界温度低于 20 ℃时,许多哺乳动物不得不进入一个暂时的蛰伏状态或假死状态,因为它们已经无法阻止体温的下降。另一方面,当外界温度超过 30 ℃时,它们也可以在无须蒸发水分的情况下保持活力。对于那些生活在温带地区的哺乳动物(如欧洲刺猬、蝙蝠和灰熊)而言,进入长期的蛰伏状态或者冬眠,则是一种应对无法忍受的季节性低温的办法。

哺乳动物维持高代谢率需要摄入大量的食物,通常每天的摄取量要比体形相近的外温动物高十倍左右,这就是为什么它们把一生中的大部分时间都花在吃上。为了满足食物摄取的需求,哺乳动物进化出了许多不同的进食策略。它们有特有的哺乳动物齿系,其中每一种牙齿都是专门用来处理和咀嚼一种或另一种类型的食物,使得食物被吞下后在肠道中更容易、更快速地被消化。食草哺乳动物的肠道中还拥有一个扩充部位,用作食物的发酵室,里面充满了可以分解植物细胞壁纤维素和木质素的微生物。不得不说的是,哺乳动物至今还没有能够进化出属于自己的酶,用来完成纤维素和木质素的分解。当然,哺乳动物还拥有其他一些引人注目的特殊技能:比如它们有的可以借助一排尖尖的牙齿来吃鱼;有

第二章 哺乳动物的生理习性

的甚至根本不需要牙齿，而是用又长又黏的舌头吃掉蚂蚁和白蚁。

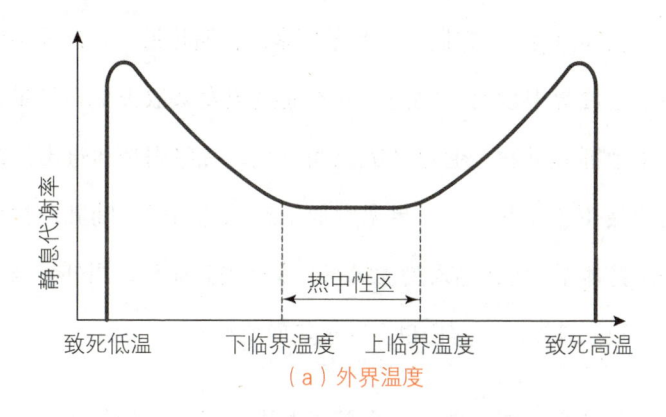

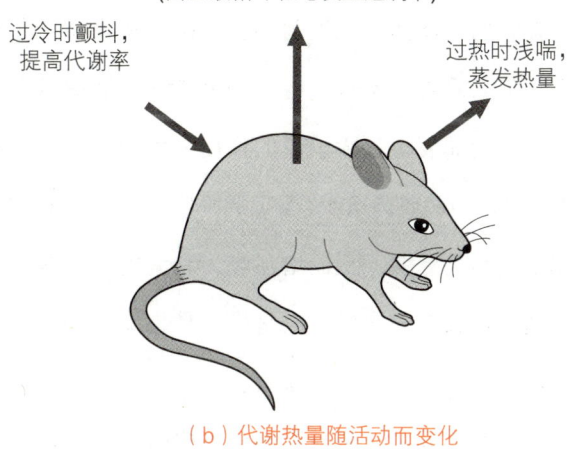

（a）外界温度

（b）代谢热量随活动而变化

图 1　静息代谢率与外界温度之间的关系

什么是哺乳动物？

当外界温度在热中性区范围内时，哺乳动物的体温可以仅仅通过改变体表的热量散失率来保持恒定。当外界温度低于下临界温度时，它们必须产生更多的代谢热量；当外界温度高于上临界温度时，它们不得不通过蒸发来散失更多热量：大多数哺乳动物是通过呼吸湿润空气，有些则是通过出汗或用尿液覆盖皮肤。当外界温度低于致死低温时，哺乳动物无法维持体温，要么陷入蛰伏状态，要么失温而死；当外界温度高于致死高温时，它们也会因过热而死亡。

保持高代谢率的另一个基本要求是吸入大量的氧气。当某个哺乳动物不是特别活跃的时候，呼吸作用通过活动的肋骨及包裹着它们的肌肉，来控制胸腔的扩张和收缩，进而将空气排出和吸入肺部。不过，在一场更激烈的活动当中，肺部的最大容量则需要通过横膈膜的作用来增加，它是包围胸腔后壁的一层弯曲的肌肉组织，帮助肺呼吸：当横膈膜收缩时，胸腔的体积会增大更多，从而增加流入和流出肺部的气体体积。哺乳动物也长有次生腭，它是另一种提高总呼吸速率的适应性特征。它是上颌处的一块骨头，可以将其上的鼻孔和肺与其下的口腔之间的气道分离开，这样哺乳动物就可以一边呼吸，一边咀嚼食物。

第二章 哺乳动物的生理习性

哺乳动物的血液循环通过一种设计精妙的装置（心脏）得以改进，目的是增加肺内和身体组织中的气体交换。心脏被一个隔膜一分为二。左手侧的血液通过肺动脉弓被完全输送到肺部，在那里它吸收氧气并释放出二氧化碳。这些新鲜的氧合血随后回到心脏的右手侧，并从那里被再次泵送到身体的组织中，向组织输送氧气的同时吸收它们产生的二氧化碳。这种血液双循环（体循环和肺循环）的效果可以说是双倍的。含氧量最低的血液被输送至肺部，而含氧量最高的血液则被送往身体组织。通过这种方式，毛细血管和身体细胞之间的气体浓度梯度在两端都尽可能地保持在较高水平。与血液完全混合相比，血液双循环使得肺部能够吸收更多的氧气，而且输送到身体组织中的氧气也会更多。此外，以泵送两次的方式，替代泵送一次完成血液在身体中的完整循环，会增加平均血压，进而产生一个更快的血液流速。

内温性的理念很简单：必要时，只需增加或减少热量损失来保持体温恒定。但要做到有效，哺乳动物的身体必须拥有一整套机制来检测体温的变化，并启动适当的调节机制来进行响应进而纠正体温。更复杂的是，这套系统还必须在不同的时间尺度上发挥作用。某些时候，这套系统甚至必须在

什么是哺乳动物？

瞬间做出响应，比如当一只老鼠注意到捕食者并猛冲回到洞穴的时候，就需要立即加速热量产出。位于大脑底部的下丘脑中有温度感应细胞负责监测血液温度。如果血温过高，下丘脑就会通过神经系统向皮肤发送信号，通过提高流向皮肤的血流量和使皮肤毛发变平的方式，来增加热量的散失。相反，如果血温过低，下丘脑则会向皮肤发送另一个信号，通过降低血液流速和使毛发蓬松起来的方式，来减少热量的散失。

此外，这套系统还必须在外界温度频繁变化的长时间尺度上运行，启动个体的行为反应，比如寻求庇护、水源或者遮阳的地方，又或与其他个体抱团取暖。在小型哺乳动物中，比如蝙蝠和一些沙漠鼠，当它们的体温过低时，可以引起一种暂时性的蛰伏状态，允许代谢率下降到正常值的一部分，相应地，它们的呼吸和心率会减慢到大约每分钟一次的频率，体温也会只保持在略高于外界温度的水平。它们从蛰伏状态中恢复过来，需要进行差不多 20 分钟剧烈的肌肉颤抖，以使体温恢复到正常水平。在季节尺度上，冬季的到来会触发许多哺乳动物利用一种被称为棕色脂肪的特殊组织来提高它们的基础代谢率，这种棕色脂肪组织分布在体内器官的周围，唯一的功能就是产生热量。对于体形较小的温带动物（如地

第二章 哺乳动物的生理习性

松鼠)而言，它们要比体形较大的动物更容易失去热量，因此，这些物种会利用一种更为极端的策略度过漫漫寒冬，即一种长期的蛰伏状态——冬眠。

内温性会给幼崽的发育造成严重的后果。哺乳动物的体形越小，其热量散失速度就越快，背后的物理规律其实很简单：相同体积下，小型哺乳动物散热的表面积更大，散热也就更快。如果内温动物的体形太小，它将难以存活，这给早期阶段发育中的幼体带来了问题。相应地，内温动物也进化出一个有效的解决办法，即由母亲提供一个特殊的环境，母亲可以控制这个环境的温度，并提供幼崽发育所必需的各种营养物质和空气，使胚胎可以在这个环境中安全地生长。胎生是指胚胎在子宫内发育至成熟，这样胚胎就可以在尚无调节自身温度能力的情况下茁壮成长。但即便如此，许多哺乳动物，比如老鼠和食肉动物，它们的初生幼崽非常小而且发育也不成熟，仍然需要一个受控的环境来发育和成长。好在父母可以为幼崽提供这样一个受控的环境，比如巢或洞穴。在其他的哺乳动物中，尤其是大型食草动物和鲸，胚胎可以在子宫内发育到一个更加成熟的阶段，那时它们已拥有了一个足够大的体形，并且自身的调节系统已经能够独立地维持体温。

什么是哺乳动物?

如同给房子供暖一样,内温动物在"燃料"方面需要付出非常高的成本,即每天需要消耗大量的食物。同样,内温动物在进化方面也要付出非常高的成本,因为身体所有的组件都是必要的。因此,我们可以肯定的是,哺乳动物付出高昂代价来适应内温性的收益至少与付出的成本相衬,否则内温动物或者内温性的进化根本无从谈起。当然,哺乳动物进化出内温性确有益处。

第一个益处是恒定的体温可以使哺乳动物在一个较长的时间内(以日或季节为基础)保持充分的活力,用于进食、狩猎、求偶等活动。与外温动物不同,哺乳动物可以在夜晚保持和白天一样的活力,而且大多数物种,特别是小型动物,大多是夜间觅食者。此外,大部分哺乳动物可以在寒冷和温暖的季节里过着正常的生活。只有在更高纬度的地区,许多小型及少数大型的哺乳动物才会借助冬眠度过寒冷的冬季。这就是哺乳动物可以在全球范围内占有如此广阔生境(包括陆地、淡水和海洋)的原因。

第二个益处与哺乳动物身体内部的运作机制有关。哺乳动物身体内的大多数化学和物理反应都对温度敏感,包括数

第二章　哺乳动物的生理习性

以千种的酶促化学反应、神经细胞之间信息传递分子的扩散速率、肌肉的收缩速率,以及关乎血液流经血管速度的血液黏稠度。所有生物都是高度集成系统,由许许多多相互联系的反应过程组成。在非常狭窄的健康体温范围之外,温度的变化会对不同的反应过程造成足以使整个系统崩溃的影响,此时,原本组织良好的生命体便会开始走向衰亡。一般来说,生命体的复杂程度越高,它所能承受的体温变化水平越小。由于体温的恒定,哺乳动物的机体功能要比外温动物更复杂,换句话说就是它们拥有更多交互集成的反应过程。大脑是哺乳动物机体中最为重要的部分,由数目庞大的相互作用的神经细胞构成。内温动物的大脑体积甚至可以达到同等体形爬行动物的十倍。它拥有 $10^9 \sim 10^{10}$ 个神经元,可以接收数量庞大的不同感官信息,并将这些信息与更高水平的学习和认知整合起来,产生更加广泛的被精确控制的行为输出。当体温调节失灵时,哺乳动物将会遭受致命的过热或失温,但它们真正的死因却无一例外都是由大脑部分功能障碍所致,诸如呼吸失控、心力衰竭或昏迷。这绝不仅仅是一个巧合。

除了由恒定体温带来的益处外,内温性还赋予哺乳动物更高水平的可持续活动能力,即最大有氧代谢率(maximum

什么是哺乳动物?

aerobic metabolic rate, MAMR)。虽然,机体内脏细胞的线粒体是导致内温动物高代谢率(较高的恒定体温)的主要原因,但肌肉细胞也同样拥有大量的线粒体。它们的主要作用是通过氧化分解葡萄糖,为肌肉收缩提供机械能。因此,拥有大量的线粒体意味着机体能够代谢更多的葡萄糖,并以更高的速率来供给能量。这一结果使得典型哺乳动物的最大有氧代谢率是相同体重爬行动物的十倍左右。实际上,哺乳动物和爬行动物的最快奔跑速度大致相当,但差别在于,爬行动物仅仅两三分钟后就会积累大量的氧债(上气不接下气),使它不得不停下来恢复,而哺乳动物可以以这个速度一直奔跑下去,直到营养储备耗尽。对于哺乳动物来说,尽管营养需求方面的代价是如此高昂,但在狩猎、觅食、躲避捕食者、迁徙到新的季节性食物丰富的地方及求偶时,这种耐力却展现出许多行为和生态优势。

综合考虑内温性所开创的极为广泛的环境条件和生活方式,客观地讲,它确确实实抓住了哺乳动物的本质和精髓——"哺乳动物性"。

第二章　哺乳动物的生理习性

哺乳动物如何节水？

渗透调节是指维持体液中水的正确浓度或渗透压，它和温度调节一样，对于机体功能的正常运作十分重要。生活在干旱地区的动物所面临的严重问题往往是由于呼吸作用、排泄废物（尿液和粪便）和蒸发降温导致的水分流失。水分流失导致渗透压升高，如果不及时修正，就可能会给动物的代谢过程带来灾难性后果。

就缺水本身而言，简单通过快速饮水以弥补大量水分流失的做法会极大制约哺乳动物的生活，因为那样的话，它们将不得不像青蛙和其他两栖动物那样，终其一生困在易获取的水源附近。因此，哺乳动物从一开始便进化出了多种减少水分流失的方法。第一，哺乳动物的皮肤有一层防水的干性角蛋白，这层蛋白很重要，它非常坚韧，能够起到保护作用。第二，直肠对水分的再吸收使得粪便尽可能地干燥以减少水分的排出。第三，与其他动物的肾脏不同，哺乳动物的肾脏可以产生高度浓缩的尿液。肾脏中的许多肾小管，每个都有一个长长的 U 形附属物，称为髓袢，它被毛细血管包围着，如图 2 所示。大脑中的感觉细胞测量血液的渗透压，并通过

什么是哺乳动物？

激素将信息从脑下垂体发送到髓袢，刺激髓袢重新吸收适量的水回到血液中去，以保持血液浓度在正确的水平上。这些节水方法足够有效，使得很多生活在干旱缺水环境中的哺乳动物根本不需要喝水，仅仅从食物中便可以摄取足够的水。例如，生活在北美沙漠中的更格卢鼠，其肾脏所产生的尿液浓度是其血液浓度的 16 倍之多。相比之下，我们人类的肾脏只能产生 4 倍于血液浓度的尿液。

肾小球：超滤血浆

集尿管将尿液带走

髓袢重新吸收水分子以浓缩尿液

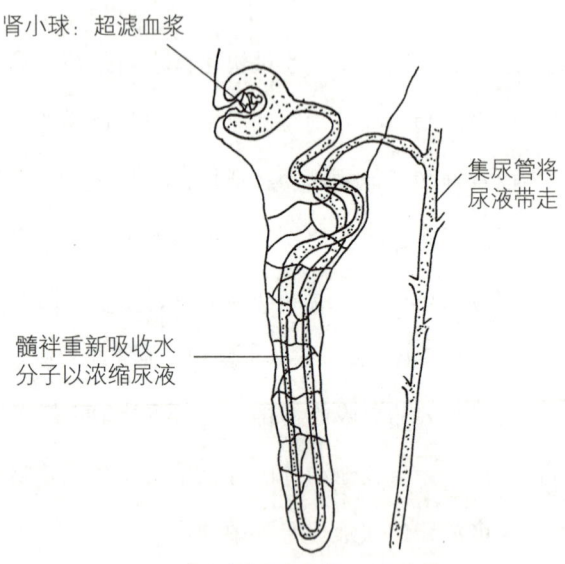

图 2　哺乳动物的肾小管及毛细血管

第二章　哺乳动物的生理习性

牙齿和消化道：哺乳动物如何进食？

哺乳动物为了适应各种特殊情况，将可进食的食物种类进化得纷繁多样，从蚂蚁到羚羊，从草籽到树皮，无不在哺乳动物的食谱之内。这种演变是在进化过程中由原始的进食方式不断改进、演化而成的，时至今日，我们依然可以在许多小型哺乳动物（如有袋类动物中的负鼠和胎盘动物中的鼩鼱、树鼩和马岛猬）的身上看到这种进食方式。笼统地讲，哺乳动物的齿系由四种不同的牙齿组成。以负鼠为例，如图3（a）所示，它的每种牙齿都有不同的功能。它们下颌前端长有结构简单的尖尖的门齿，可以用来拾取小块食物（如昆虫或种子），也被用来梳理皮毛。门齿之后，在上颌和下颌均有一颗比门齿更大的犬齿，作用是使较小的猎物失去活动能力。同时，对于许多哺乳动物而言，犬齿还有其他的功能，比如挠痒、战斗和自卫。其余种类的牙齿则是哺乳动物特有的，它们的体积较大，齿冠上分布有多个齿尖。这些牙齿中，有三颗或四颗前磨牙，它们仅仅长有一到两个额外的齿尖，用来简单地碾碎和分解嘴里的食物。前磨牙之后是三颗或四颗磨牙，它们是最大的牙齿，并且每个都有至少六个由锋利

什么是哺乳动物？

齿脊连接的齿尖。在咀嚼食物的过程中，上、下磨牙以一种精确的方式相互触碰，即稻。上、下磨牙的齿脊逆向滑动，就像小剪刀的刀片一样，把食物切割。伴随着咬合，食物在牙齿间变成了可以被吞咽的细浆，一种可以更快地被肠道消化和吸收的状态。牙齿以这种方式咬合需要一个很大的咬合力，以使牙齿之间产生足够大的压力来切割食物。与此同时，下颌的运动必须非常精确，以保证下磨牙与上磨牙的准确触碰。颅骨与下颌之间用于撕咬的肌肉，如图3（b）所示，满足了这两项要求。它们非常大，提供了切割食物所需要的压力。此外，它们包括内部（颞肌）和外部（咬肌）两个部分，这样就形成了一个肌肉组成的吊索，它可以精确地控制下巴在前后方向上和左右方向上的移动。

这种牙齿分化形式，以及准确而有力的闭颌方式，是哺乳动物所独有的，而且就其基本形式来说，特别适合摄入小块营养食物。此外，这种形式也被证明具有令人惊讶的适应性：通过不断地进化，来适应不同哺乳动物群体广泛的专门的饮食结构。这些内容会在后面的章节一一道来。一方面，肉食哺乳动物会进化出更大的犬齿来杀死猎物，同时，它们的磨牙也朝着方便把肉类切割成容易吞咽的小块的方向进化。另

第二章 哺乳动物的生理习性

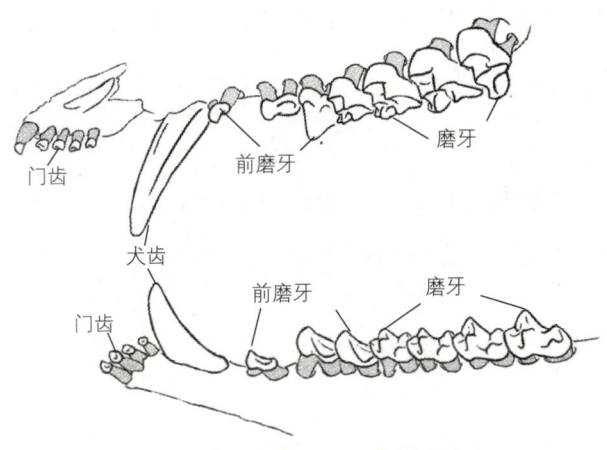

（a）牙齿的排列顺序（口腔内部视角）

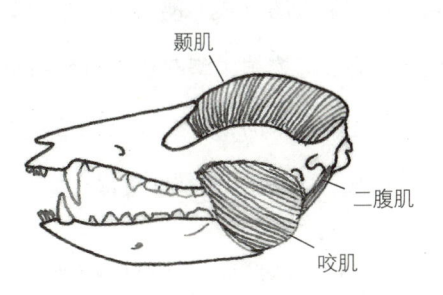

（b）颅骨展示三块主要肌肉：用于闭颌的颞肌和咬肌及用于开颌的二腹肌

图3 负鼠的牙齿和颅骨

一方面，食草动物进化出了夸张的前磨牙，用更大幅度的水平颌动和碾压动作来精细地研磨食物。以鱼类为食的哺乳动物进化出了结构简单且锋利的尖牙，适合刺穿鱼类，并且由

什么是哺乳动物？

于它们的食物容易被囫囵吞下，因此它们的颌肌较弱。还有一些哺乳动物，它们的牙齿进化到非常少，甚至是完全无牙，尤其是那些以蚂蚁和白蚁为食的动物，它们转而用又长又黏的舌头来收集食物。还有须鲸，它们直接从一大口海水中过滤得到浮游生物以做吃食。

移动力：哺乳动物如何从一个地方到另一个地方？

正如对不同饮食的适应反映了哺乳动物生活方式极大的多样性一样，它们在移动方式上的适应性也是如此。哺乳动物如今的奔跑、跳跃、挖洞、爬树、飞行和游泳都是从一种原始的移动方式进化而来的，它至今仍保留在一些小型非特定的哺乳动物身上，如树鼩、刺猬和负鼠。

典型的爬行动物的四肢向身体侧面伸展，相比之下，哺乳动物的肘部和膝盖相对身体而言，分别朝向后方和前方，这使得它们的脚或多或少都位于身体下面，如图 4 所示。如此一来，哺乳动物的左右脚便靠得很近，虽然身体的稳定性降低了一些，但行动相应地更灵活和敏捷，就好比摩托车和汽车的差别一般，这使得哺乳动物在进行加速、急转弯和在崎岖地形上攀爬等活动中更高效。腿在身下的第二个作用是

第二章 哺乳动物的生理习性

抬高胸腔，使哺乳动物无论在静止还是在移动的过程中都可以更容易地呼吸。

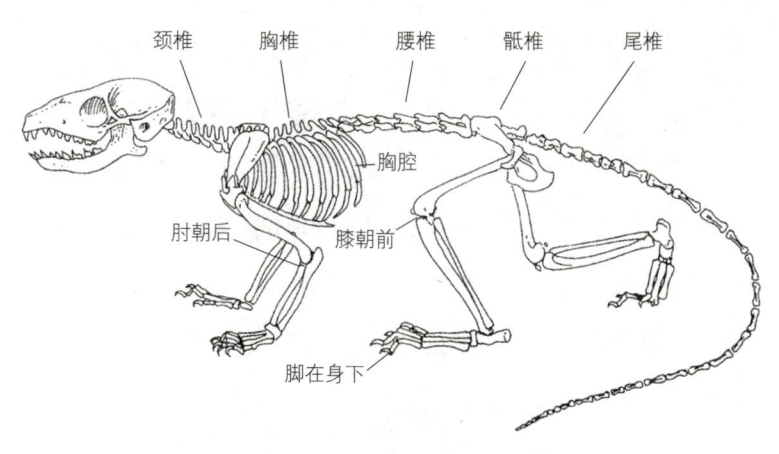

图4 典型的基础哺乳动物（树鼩）的骨架

哺乳动物的脊柱由几个功能各异的区域组成。第一个是颈椎，它负责头部的极限活动，包括帮助进食，感知周围环境，以及许多其他行为。头部的点头动作发生在颅骨后部和第一节椎骨寰椎之间的专用关节处，而绕轴的摇头动作则发生在寰椎和第二节椎骨枢椎之间的专用关节处。余下五根椎骨的主要工作是负责头部的左右弯曲。颈椎之后的十三节椎骨共同构成了哺乳动物的胸椎区域。它们都有一对长长的弧形肋

031

什么是哺乳动物？

骨，由肋骨上一个活动的双头连接形成关节。这样肋骨可以在呼吸时向前和向外来增大胸腔体积，或向后和向内转动来减小胸腔体积。胸腔的另一个功能是连接肩胛带和前肢。这种利用肌肉和组织，而非骨与骨的连接其实是很松散的，但肩胛带在胸腔上的灵活性增加了哺乳动物前肢步幅的整体长度。再往后是五根壮实的、不连接肋骨的腰椎，负责将后肢产生的巨大行走力传递到身体的其他部位。此外，它们还充当支撑肠道、肝脏、膀胱和肾脏重量的承载梁。在腰椎之后，五节骶椎构成了与骨盆相连的部分脊柱。这个部位需要骨与骨的直接牢固连接，因为它是后肢产生的行走力施加压力的地方。哺乳动物尾部（尾椎）区域是一串柔韧的、相对较小且脆弱的椎骨。尾巴在哺乳动物的移动中并没有重要的作用，除非在某些特殊的移动形式中，例如跳跃的袋鼠用它平衡身体，蜘蛛猴用它抓握，鲸和儒艮用它支撑尾鳍。大多数哺乳动物仅仅把尾巴用于诸如拍打苍蝇和传递社会信号等活动。

我们将在后面的章节里看到其他哺乳动物通过进化，不断改良这种原始的移动方式的种种方法。

第二章　哺乳动物的生理习性

感觉器官：哺乳动物对环境的描绘

哺乳动物的感觉器官能够提供大量有用的信息，使它们对当前所处环境做出反应。对于大多数哺乳动物而言，它们对气味的感知，即嗅觉的重要性和灵敏度已经达到了人类无法体会的程度，这是因为我们人类自身对于气味的感知很不发达。客观来讲，如果没有如此发达的嗅觉，那么如此多的，特别是小型哺乳动物的夜间活动将变得举步维艰，甚至是绝无可能。例如，大鼠鼻子里嗅觉器官的受体能够检测到超过1 000种不同的被称为气味物质的空气传播分子，而更加难以置信的是，哪怕这些气味物质的浓度再低——甚至是单个分子——都能够刺激受体细胞做出反应。与此同时，大脑对于嗅觉器官所接收到的嗅觉信息的整合程度同样惊人。受体细胞对每种气味物质响应的神经冲动被传递给位于大脑前部的嗅球中被称为"神经纤维球"的小神经单元，这些小神经单元在空间上排列开来，形成"嗅觉地图"。按照这种模式，高阶神经细胞可以察觉出与所处生境中特殊气味所对应的各个气味物质的组合与强度。其结果与人类所熟悉的视觉地图的丰富度相当。当这些信息被投射到大脑皮层的嗅觉区后，会

什么是哺乳动物?

被进一步处理,并与其他感官信息相整合。哺乳动物的鼻子里还有另一个对于气味敏感的器官,叫作犁鼻器,用来检测信息素。信息素是种群内由个体分泌的一类分子,在种群各成员之间的交流和社会行为方面发挥重要作用。种群中某个个体的社会地位、性状况、攻击性和母性行为都能以这样的方式进行交流。

哺乳动物的听觉同样高度发达,而那些可以发射超高频声音进行回声定位的种群尤为突出。一些鼩鼱和其他小型食虫哺乳动物借助比人类听力极限(20千赫兹)稍高的声频的回声来摸清它们所处环境的大致特征。蝙蝠和鲸类可以使用非常高的声频(海豚可使用的声频高达 1.6×10^5 赫兹,有些蝙蝠甚至可以使用高达 2×10^5 赫兹的声频),来为它们夜间活动的或海洋的生境提供一份非常详细的图像信息,因为在这些情况下,视觉几乎无用武之地。哺乳动物的中耳中,有一串由三块听小骨组成的链,分别叫作锤骨、砧骨和镫骨。当声波击中鼓膜时,鼓膜便会产生振动。鼓膜由听小骨连接至脑壳中的一个孔洞,这个孔洞通向容纳真正感觉器官的耳蜗。听小骨起到杠杆作用,用来改善携带声波进入鼓膜的空气和充满耳蜗的液体之间的阻抗匹配。耳蜗本身是一个狭窄的、盘绕在脑壳骨壁内的管状物,而对于声音敏感的螺旋器沿其长度方向延伸。螺旋器的不同部位对不同频率的声音敏感,同时由于该器官很长,使得哺乳动物拥有辨别极宽频率范围内声音的出色能力:就好比我们既可以听到低沉的巴松的声音,也可以听到尖锐的短笛旋律。耳廓是哺乳动物另一个独特的用来加强听觉的装置,它就像一个助听器一样聚集所接收到的声音。此外,大多数哺乳动物都有活动的耳廓,这有助于探测声音的来源方向。拥有察觉高频声音的能力也使得大多数哺乳动物进化出了高频发声的能力,因此,言语交流也成为它们社会行为中的另一个重要部分。

对于哺乳动物中占据多数的夜行物种而言,视觉远不及嗅觉或听觉重要。它们的视敏度仅有 1～10 周/度(cycle per degree,简称 cpd,表示每个视弧度的周期;cpd 是视觉科学家测量视力所用的单位,换算起来 1.0 的视力为 30 cpd;视敏度是一种衡量眼睛区分距离很近线条的能力),其中,小蝙蝠是视敏度最低的代表,而体形较大的食肉动物和食草动物则大多拥有最高的视敏度。大多数哺乳动物的色觉也很差,有些物种甚至没有色觉,而且,它们拥有的两色视觉系统最多只能区分出蓝色、黄色和绿色,不能区分出橙色和红色。

什么是哺乳动物？

相比之下，那些主要或完全在白天活动的高等灵长类动物，包括我们人类自己，其视觉是迄今为止感知环境极为重要的手段。这类动物的视敏度约为50周/度，这主要归功于视网膜中一个被称为"中心凹"的特殊结构，中心凹是入射光线的汇聚点，也是受体细胞密度极高的地方。灵长类动物还进化出了三色视觉，视网膜上有三组视锥细胞，这使得我们能够对从红色到紫色的整个视觉光谱都很敏感。

繁殖：为数不多但被精心照料的后代

时至今日，除了那些奇特的单孔目动物依然保留着哺乳动物祖先古老的产卵习性之外，所有其他现代哺乳动物都以胎生的方式生育后代。胚胎通过胎盘附着于子宫壁，营养分子、呼吸气体和代谢废物通过胎盘在母亲的组织和胚胎发育中的血液系统之间交换。发育中的胎儿在子宫内被母亲的身体所保护，同时，通过保持温暖和输送良好的营养，胎儿能够在这里快速生长。有袋类动物的胎盘结构相对简单，发育不完全，仅由胎儿的卵黄囊和子宫壁之间的接触组成。对于它们而言，物质的交换发生在胎儿和母亲的毛细血管之间，胎儿在子宫内的时间（妊娠期）相对较短，通常不会超过两

第二章 哺乳动物的生理习性

周。这使得幼崽在出生时发育还极不成熟，除了嗅觉器官、嘴巴和有爪的前肢外，几乎没有其他明显的特征。不过，它们对于幼崽来说却是极为重要的部分。幼崽刚从产道里出来，前肢就能够抓住母亲的皮毛，并利用嗅觉器官追踪气味的踪迹进入育儿袋（小袋鼠出生之前，袋鼠妈妈会沿着产道——育儿袋路线舔舐自己的毛发，留下气味信息）。一旦到了育儿袋中，它的嘴巴就会急切地咬住一个乳头，并且一直牢牢含住它。有袋类动物的哺乳期要比妊娠期长得多，幼崽需要在育儿袋里继续发育，直到它能够独立生活。母亲乳腺分泌的乳汁混合了幼崽生长所需要的所有蛋白质、脂肪、碳水化合物、维生素和矿物质成分，其中还含有母亲分泌的抗体，这对于幼崽抵抗疾病很是重要。乳汁的成分随着时间的推移而变化，早期的乳汁相对更稀薄，而后，伴随着幼崽生长速度的加快，乳汁中的蛋白质会更丰富，含量也会更高。

胎盘类动物与有袋类动物的不同之处在于其胎盘结构更为复杂、活性更持久，给胚胎发育提供了一个更长的妊娠期。胚胎可以很快就深深嵌入子宫壁，在两者之间发育出许多纤细的指状突起，极大地增加了接触扩散的表面积。这种

什么是哺乳动物？

胎盘结构能够为胎儿供给的营养和氧气要比有袋类动物的胎盘多得多，这意味着胎儿可以更快地发育和生长。因此，胎盘类动物的幼崽出生时要比有袋类动物的幼崽发育得更充分，它们所需要的哺乳期也相对较短。对于牛、马等大型食草动物和鲸类而言，新出生的幼崽已经能够在很大程度上独立生活，并且在出生一小时左右就可以跟上种群行进的脚步。胎盘类动物的胎盘与有袋类动物的另一个不同之处在于分泌分子方面，它可以阻止母亲的抗体攻击胎儿。因为胎儿与母体的基因并不相同，如果没有胎盘保护的话，胎儿就会被当作外来组织一样被母体排斥。这可能就是为什么胎盘类动物的胚胎在母亲子宫里的时间比有袋类动物长得多的原因。这两类动物的乳汁有着相似的组成成分，当然，不同物种之间会有些许差异。例如，海洋哺乳动物和生活在寒冷地区的物种（如驯鹿）的乳汁中，脂肪的含量要比人类和奶牛乳汁中的高出许多。

大脑与行为

如果真的要找出使哺乳动物在现代世界中如此特别、如此成功、如此多样化的独一无二的东西，我想那一定是它们

第二章 哺乳动物的生理习性

的大脑。一般来说，哺乳动物的大脑大约是同等大小爬行动物的十倍，这是它拥有极大数量的神经元及神经元之间相互联系的外在标识。哺乳动物的大脑尺寸之大主要得益于一个被称为"新皮质"的巨大的多层结构，它使得哺乳动物祖先的原始前脑残余相形见绌。在哺乳动物中，鼩鼱和有袋类动物的大脑进化程度较低，它们的新皮质较光滑，而对于其他类群的物种而言，它们大脑的新皮质则具有凹槽样式，解剖学上称之为沟，它增大了新皮质的表面积，以及神经元的数量，如图5所示。所有感觉器官得到的信息都会被传送到新皮质，它包含数量庞大且相互联系的联合中枢。在新皮质中，大脑将有关环境的感官信息与接收到的机体当前的状态信息（如饥饿、性状况和体温）相结合，也与它们一生中通过经验和学习积累起来的联系相结合。利用所有这些信息，大脑产生相应神经信息，并通过脑干和神经轴索引起一些适当的行为反应。哺乳动物的大脑可以通过这种方式计算出更大量的信息，再加上它可能触发的反应的巨大差异，就解释了为何哺乳动物对其物理和社会环境的反应会如此多变和微妙。

尽管哺乳动物的具体行为模式在不同物种之间有很大差异，但有几种行为模式是相同的。其一是它们沉迷于大范

什么是哺乳动物?

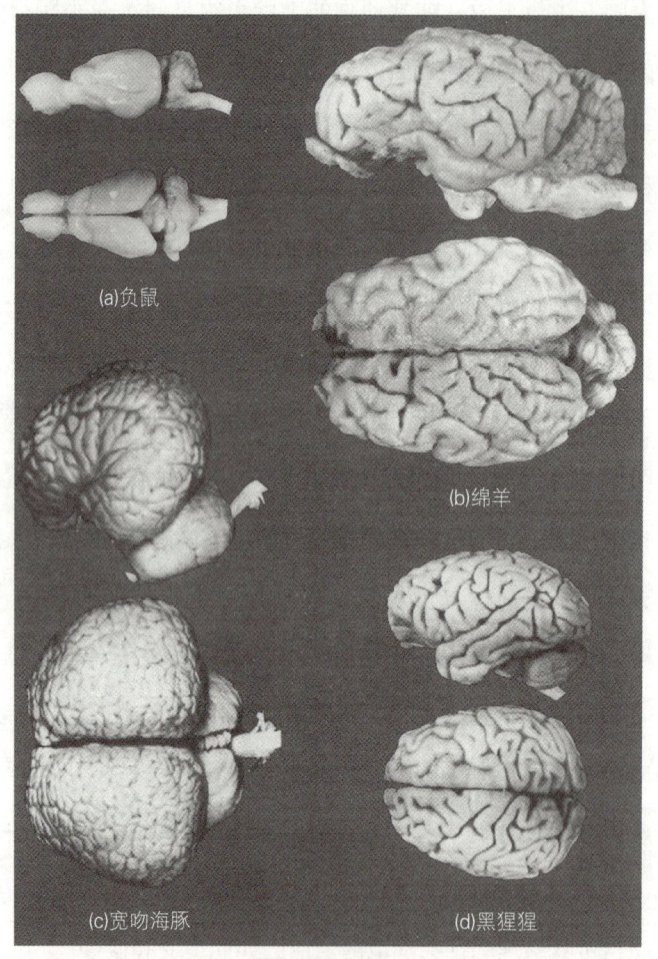

图5 负鼠、绵羊、宽吻海豚和黑猩猩大脑的侧面和背面照片

第二章 哺乳动物的生理习性

围的探索行为，以熟悉自己的详细位置，迅速了解可能的食物来源及躲避捕食者和养育后代的安全地点。其二是适应方式，即个体为了适应它所处的具体环境条件，可以改变其一般行为。例如，大多数小型哺乳动物（如老鼠）会建造某种形式的巢穴（洞或窝）来保护幼崽，但在何处建造则取决于是否能找到一个被捕食风险较低且合适的地方，至于筑巢的原料则取决于捡拾到什么可用的材料。其三是某一物种内的个体在相互交流时使用广泛的信号。在斑马体内，研究人员发现了多达20～40种不同的包含面部表情和身体姿态的视觉展示，它们通过改变信号强度、持续时间或前后信息来传达微妙的含义。同时，它们被用作近距离信号：将情绪、意图、社会地位、攻击水平和生殖状况传递给种群内的其他成员。哺乳动物都会使用分泌的信息素来影响其他动物的行为，这些信息素甚至能够改变接收者的生理状态。有些信息素用于个体与个体之间的直接交流，有些则是间接地通过气味标记领地。声音信号在夜间、远距离和茂密的森林里尤为重要，包括对种群发出捕食者出现的警告。一些高频噪声，如牙齿和嘴唇碰撞发出的嘶嘶声、吱吱声和咔咔声，常常被用来传达某一个体身份和社会地位的信息，以及估量种

什么是哺乳动物？

群成员之间的距离。群体性捕食动物，如狼和非洲野犬（杂色狼）在追捕猎物之时，会使用一系列的声音信号来相互配合。

　　许多人试图将哺乳动物的社会行为模式与特定的生境和生存方式联系起来，但其中似乎涉及太多的变量，以至于我们对此依然没有一个清楚的认识。从独居的大熊猫和土豚，到那些迁徙在非洲大草原和卡拉哈里沙漠中庞大的牛羚和斑马群，社会种群可谓大相径庭。在一个种群中，可能会有数量大致相等的雄性和雌性，如某些狐猴；或者发展到另一个极端，即由雄性首领自上而下的严格的线性统治关系，就像狒狒一样。大象群由一个雌性首领和它的雌性后代组成，雄性后代只有在青春期内才待在它的种群中，当它们性成熟之后就会选择离开，加入别的公象种群或者独居为生。鼠群通常只有一个优势个体，种群中其他成员之间彼此平等。裸鼹鼠的情况比较特殊，它们在地下有着复杂的社会组织，生活在地下，不同的个体在裸鼹鼠组织中扮演着不同的角色。其中负责繁衍的"裸鼹鼠女王"由其他无生殖力的个体照料、保护和喂养。

第二章　哺乳动物的生理习性

哺乳动物的交配模式也各不相同,其中较为常见的是一雄多雌制,即一个雄性拥有数个配偶,但在养育后代方面并无直接作用。当然,其他的一些物种,如狨猴和许多犬科动物(如狼)则是单配制。这种制度使得一个雄性和一个雌性成为配偶,而且它们通常是终身相伴的,双方都负责照顾后代。一雌多雄制比较罕见但并非不为人知,一个雌性拥有数个雄性伴侣,并由雄性帮助照顾幼崽。非洲野犬通常这样,但也并不总是如此。最后,一些物种种群内,如草原土拨鼠,会出现混交的现象,其中的雄性和雌性都会有多个配偶。

哺乳动物的生命史(如产仔数),是另一个很难与特定生存模式联系起来的繁殖变量,主要是因为它涉及几个因素之间的权衡。在适宜的环境中,生产更大窝重的幼崽对于雌性而言具有明显的好处。但是,更大窝重的代价可能包括每个后代的生存机会的减少,尤其是在食物供应等条件恶化的情况下;此外,更大窝重也可能降低母亲未来的生育能力。不同的哺乳动物不仅产崽窝重不同,而且新生后代的发育成熟程度也不同。一些刚出生的哺乳动物发育得可以说是极不成熟,譬如老鼠和狗;而有些则发育到足以在出生后不久便

什么是哺乳动物？

能够跟它们的种群一同奔跑，如羚羊、牛和大象；还有一些体形较小的物种，如豚鼠（天竺鼠）。需要考虑的一个因素是与用哺乳喂养后代相比，孕育过程只需要消耗母亲至多一半的食物成本，所以推迟生育对母亲来说是一种收益。但与之对应的代价则是母亲在怀孕期间更容易受到攻击和伤害，而且如果推迟生育的话，那么她一生中所能孕育的后代数量也会减少。

在回顾当今现存哺乳动物的多样性之前，我们将在第三章和第四章中回顾它们的进化史。在这方面，我们幸运地得到了那些保存非常完好的化石记录的帮助，从最早具有哺乳动物特征的动物的出现，到3.2亿年后，当今哺乳动物群的最终建立。

第三章
哺乳动物的起源

03

什么是哺乳动物？

古生物学家在一些岩石中发现了小型的、形似鼩鼱的动物化石残骸，这些岩石约有2亿年的历史。尽管这些动物不属于任何特定的现代种群，但它们具有我们在上一章所描述的哺乳动物骨骼和牙齿的全部特征。它们是已知的、最早的哺乳动物，尽管不是哺乳动物真正祖先的种群，但两者之间非常相似。它们自己又是从何进化而来的呢？为了回答这个问题，我们将着眼于一组"原始哺乳动物"的化石记录，这组记录表明了从哺乳动物与爬行动物共同的远祖，到第一个有记录的哺乳动物的进化时间线上的中间阶段。它们就是一群被称作下孔类（Synapsida）的动物，有时也被称为"似哺乳类爬行动物"。

第三章 哺乳动物的起源

盘龙类

下孔类的故事可以追溯到3.2亿年前石炭纪晚期的盘龙类（Pelycosaurs）。这些庞大的动物与哺乳动物并不相像，它们的牙齿结构简单，腿短并如同爬行动物一样向身体外侧伸展，大脑也非常小。但是，它们的确有一些特征能够使之与哺乳动物关联起来。其中之一是在眼窝后面的颅骨中有一个窗口，称为颞孔，用于连接更强壮的颞肌；另一个是上、下颌各长有一颗小犬齿。盘龙类的生存区域被限制在温暖且始终湿润的赤道地带，位于当时世界唯一的超级大陆——泛大陆的中部。生存区域的限制说明在这一早期阶段，下孔类有可能无法应对在高纬度季节性气候中不得不面对的低温和干旱。尽管如此，盘龙类还是很快就成为当时占统治地位的陆地脊椎动物。它们进化成几种不同的动物，其中有一些体长甚至达到3～4米。蛇齿龙有着狭长的颅骨和颌部，长有小而锋利的牙齿用来捕鱼，就如同鳄鱼一般，如图6（a）所示。其他的盘龙类，譬如基龙则进化出了更短且更强壮的颌部和钝齿，如图6（b）所示，它们以植物为食。相比之下，异齿龙（长棘龙）却是一种巨大而凶猛的掠食者。它长有大量结

什么是哺乳动物?

实的犬齿,犬齿后还有一排锋利的牙齿,用来把它的猎物撕成碎片,如图6(c)所示。

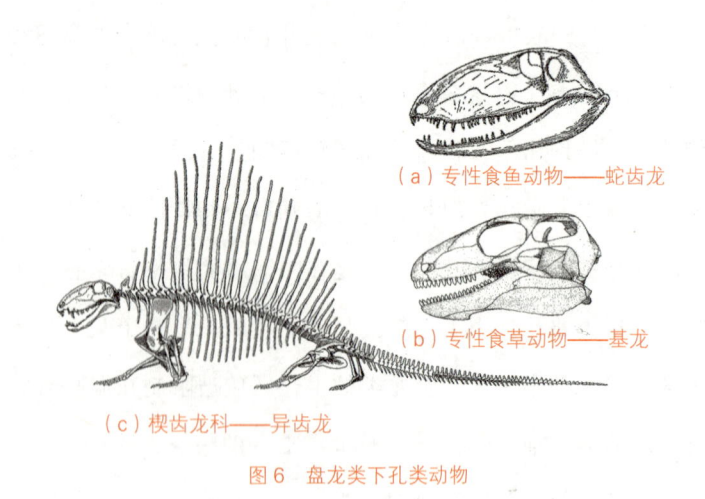

(a)专性食鱼动物——蛇齿龙

(b)专性食草动物——基龙

(c)楔齿龙科——异齿龙

图6 盘龙类下孔类动物

兽孔类

大约在2.6亿年前,到二叠纪中期,盘龙类随着地球的越发干旱,几乎消失不见。这险些标志了下孔类故事的终结,幸运的是,更高级的兽孔类(Theraosids)已从盘龙类中进化出来。这个新阶段的重要性体现在兽孔类迁徙到了温带地区,那里的气候具有明显的季节性特征:既有凉爽的时期,也有干燥的时期。因此,它们一定在某种程度上进化出了在

第三章　哺乳动物的起源

更大的温度和湿度范围内活动的、如哺乳动物般的能力。

兽孔类的解剖结构也支持了这样的观点，即它们进化出了比盘龙类更高的代谢率和活动水平。巴莫鳄向我们展示了兽孔类的基本结构特征，如图7（a）所示。兽孔类的体型相当于一只大狗，相比于盘龙类祖先，它的颅骨更加结实，颞孔也大得多。这个特征表明它的咬合力要强于它的祖先。兽孔类的齿系分化为前面是粗壮的锥形门齿，其后是非常大的上、下犬齿，犬齿后缘是精细的锯齿。毫无疑问，巴莫鳄是一种能够捕食相对较大体形猎物的食肉动物。它的四肢细长，肩关节和髋关节比盘龙类更灵活，所有这些特征都表明它比后者跑得更快，动作也更敏捷。兽孔类的另一个重要的新的哺乳动物特征是类似哺乳动物的骨组织，这是象征快速生长的标志。结合地理分布的证据和解剖学证据（高摄食率、更加有效的运动能力和更快的生长速率），我们不可避免地得出这样的结论：尽管还没有达到下孔类进化后期的程度，但兽孔类的代谢率的确提高了。

到二叠纪晚期（距今2.50亿～2.65亿年），几种新的兽孔类已经进化出来，并且发展成为当时最为丰富的陆地脊椎动

什么是哺乳动物？

物，就像盘龙类在它们之前那样。丽齿兽（Gorgonopsian），如图7（b）所示，是有着中到大型身体并且行动敏捷的食肉动物，以巨大的犬齿作为武器，颌部前端长有锋利且有锯齿形边缘的门齿，可以从猎物的身上把肉撕碎下来吞咽。它们的主要猎物是一群被称为二齿兽的食草动物，如图7（c）所示。许多二齿兽都长有一对上獠牙（它们因此而得名），但是余下的牙齿被颌部的角质垫取代，就如同今天的海龟一般。这些角质垫在极大的闭颌肌肉的牵引下切碎植物性食物。目前，已发现了一百多种二齿兽化石，体形从老鼠般大小到犀牛般大小，其中一些化石的量极为丰富。二齿兽在当时的这种支配地位或者优势度就好比其后中生代的食草恐龙和现今的食草哺乳动物一样。还有其他的一些兽孔类种群以不同的方式进化，成为特例。恐头兽类（Dinocephalians）是庞大而笨重的动物，体形如犀牛般大小。它们头部的骨头足有5厘米厚，可能像大角羊那样有用头撞击的行为。兽头亚目（Therocephalia）是四肢纤细，体形如猫一般大小的食肉动物，长有一长排锋利的尖牙，以无脊椎动物为食。

第三章　哺乳动物的起源

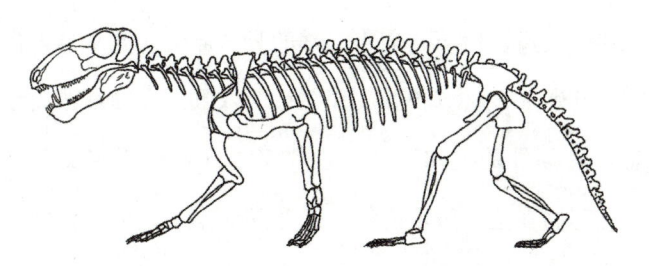

(a) 基于巴莫鳄颅骨和丽齿兽颅后骨骼拼合成的基础兽孔类骨架

(b) 丽齿兽 (专性超级食肉动物) 颅骨　(c) 二齿兽 (专性食草动物) 颅骨

图7　兽孔类下孔类动物

化石收集在一定程度上是依赖运气的。多年前在赞比亚的一次探险中，笔者有幸发现了一具漂亮的如水獭般大小的动物骨架，叫作原犬鳄龙，它那镶嵌在岩石上的小牙齿似在微笑，如图8所示。它是一种原始的犬齿兽类（Cynodonts），是我们哺乳动物起源故事的下一个重要阶段。原犬鳄龙的齿系和哺乳动物的基本一样。像大多数其他兽孔类一样，它的齿列前端是锋利而尖锐的门齿，其后是一

什么是哺乳动物?

颗大一些的犬齿。但与它们不一样的是,原犬鳄龙紧靠犬齿后面的前五颗牙齿略有扩张,而之后的八颗牙齿的基部周围都各有一圈额外的尖端。这是动物第一次进化出多尖的磨牙,尽管它们在这一阶段的结构还非常简单。其上、下磨牙相对,以一种略显粗糙的方式咀嚼食物,这样当食物被吞咽下去之后,能够被更快地消化吸收。伴随这种新型齿系的出现,紧贴颌部的肌肉(颞肌)相应变大,并扩展到下颌的内外两侧。这些肌肉可以产生一个足够大的咬合力,进而有效地咀嚼食物。为了容纳这些更大的肌肉,原犬鳄龙的一对颞窝被极大地扩充,几乎贴合到眼睛后面的颅骨中线上。它们被一道叫作矢状嵴的脊状骨头隔开,这种结构在现今的哺乳动物中仍然存在。原犬鳄龙另一个新的重要哺乳动物特征是次生腭,它是口腔顶部的一块骨头,能够将口腔中咀嚼的食物同鼻腔中流向肺部和背部的空气分隔开,使动物在进食时仍然能够正常呼吸。

兽孔类在整个二叠纪晚期的世界范围内繁衍生息,直到2.5亿年前,生命历史上最大规模的灾难性事件——二叠纪大灭绝的发生。这是生命历史上第三次大灭绝事件,它标志着二叠纪的终结。海洋和陆地上有超过90%的动植物都消失

第三章　哺乳动物的起源

了，兽孔类和其他动物一样，几乎遭受了灭顶之灾。大灭绝的导火索是一段时期内的大规模的火山爆发。火山气体疯狂涌入环境中，由于二氧化碳的温室效应导致灾难性的全球变暖，同时，二氧化硫诱发的酸雨也杀死了大部分植物。之后很长一段时间里，地球环境条件多为炎热和干旱，早期宜人环境中大多数郁郁葱葱的森林都已消失不见。

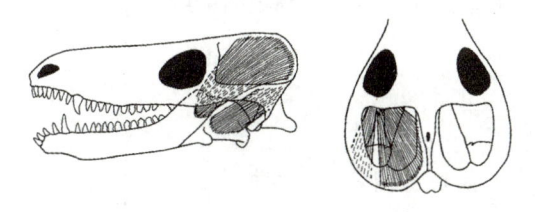

图8　原犬鳄龙的齿系和颌骨肌肉组织代表着它朝着哺乳动物模式进化的开始

少数兽孔类在这场灾难中奇迹般地幸存了下来。我们在岩石中发现了它们的化石，这些化石可以追溯到三叠纪初期。其中有一种叫作水龙兽的二齿兽，它是一种以地下贮藏的植物块茎为食的穴居动物，科学家推测正是这样的生境和生活习性把它从灾难中拯救出来。在它短暂的存在期间，水龙兽持有陆地四足动物有史以来最广的分布记录：在现代各大陆的岩石中都有被发现，甚至包括南极洲。

什么是哺乳动物？

此外，还有一到两种二齿兽，以及三到四种小型的兽头类（Therocephalians）也在这场灾难中幸存了下来，或许也是因为它们是穴居动物。

但是，对于我们的故事而言，截至目前，最为重要的兽孔类是存活到三叠纪里的一到两种犬齿兽。在二叠纪的动物类群中，犬齿兽是毫不起眼的角色，但它们在整个三叠纪时期都在不断地进化，直到三叠纪的最后，发展成哺乳动物。

犬齿兽

三尖叉齿兽，别名三叉棕榈龙，是紧接着大灭绝后被发现的最为常见的犬齿兽类化石。它是一种小型的活跃动物，有一些像原犬鳄龙，甚至可以说是更像哺乳动物。它的磨牙有更大的额外尖端，磨牙之间更大的颞孔和更深的矢状嵴向我们展示着它那仍然强壮有力的颞肌，而且下颌承载牙齿的齿骨有一个大的朝上的冠突，以使颞肌附着于此。到现在为止，颌部已经逐渐被一组肌肉吊索所闭合，正如我们之前在现代哺乳动物身上看到的那样，由连接内侧的颞肌和连接外侧的咬肌组成。这样，三尖叉齿兽的咬合力和咬合精度均有所提高。它的下颌由几块骨头组成：齿骨，顾名思义，承载着牙齿，以及位于齿骨后面的齿后骨。三尖叉齿兽的齿骨尺寸增大，齿后骨则相应地缩小。齿后骨包含两块正好组成颌关节的骨头，即下颌中的关节骨和颅骨中的方骨。

在其他一些特征方面，三尖叉齿兽要比原犬鳄龙更像哺乳动物。例如，它有一个界限清楚的胸腔，表明它拥有一个更大的肺，而且可能已经进化出了横膈膜；以及更加细长的四肢骨骼和一条更短的尾巴。

然而，另一群动物在三叠纪登上了历史舞台，并且不停地扩张和争夺栖息地，兽孔类再也无法享有二叠纪晚期那样的支配地位了。这群动物就是早期的祖龙，最终演化成了恐龙和鳄鱼。尽管如此，犬齿兽类还是继续进化着，到三叠纪中期，演化为一种更像哺乳动物的种群：真犬齿兽。南美洲的奇尼瓜齿兽，如图9所示，就是一个很好的例子。它是一种牙齿锋利的食肉动物，体形与狼相仿，其具有一个巨大的颞孔以满足咀咬肌的需要，此时，这些颌部肌肉只附着于齿骨之上。这块骨头是截至目前我们所讲述动物中进化出的最大的下颌骨，而余下的（也就是齿后骨）则缩小成一根狭窄的杆状骨，嵌入齿骨内表面的凹槽里。到这个阶段，几乎所有

什么是哺乳动物?

由闭颌肌肉组织组成的吊索所产生的力都被集中在上、下磨牙之间的咬合点上面,几乎没有压力施加在颌关节上。颌部肌肉最终实现了极强咬合力与咀嚼时颌部所必需的细微而且非常精准的侧向和前后移动的结合。奇尼瓜齿兽的磨牙有锋利的后缘,之后还有一到两个额外的尖端,显然,这样的磨牙是为了适应切割肉质食物。其他的真犬齿兽长有较宽的磨牙,每一颗都有一个宽粉碎槽,周围有锋利的刃口,适合咀嚼和磨烂植物性食物。

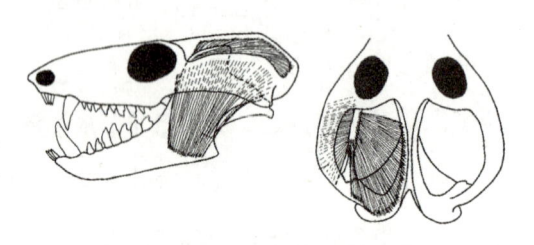

图 9　奇尼瓜齿兽的高级犬齿排列

此外,我们也有幸看到了它们的骨骼朝着哺乳动物进化的重要进展,如图10所示。骨盆带上部的髂骨,向前扩张,而下部和尾巴均缩短。这是因为大部分肌肉都在四肢的上端跟前面,这样它们的后腿就可以迈得更远、更快。肩胛带很窄,非常松散地连接在胸腔上,因此它们的前腿也具有

第三章 哺乳动物的起源

哺乳动物更长步幅、更好的运动灵活性的特征。考虑到大脑在哺乳动物进化过程中的重要性，了解犬齿兽类大脑的解剖学细节一定会是非常有趣的，但不幸的是，它们的大脑还是太小，尚不能够在颅骨内侧留下详细的印记。我们所知道的是，它们此时大脑的整体尺寸并不比爬行动物的大，因此可以断定大脑新皮层的扩张还没有发生。不过，它确实有一个扩大的、如哺乳动物一般大小的后脑——小脑，它是负责精确控制肌肉动作的区域，因此它是大脑中第一个扩大的部分便不足为奇了，鉴于我们已经看到了其颌部动作精确，以及犬齿兽类在移动时的速度和敏捷性的证据。

从南美洲发现的三叠纪晚期的巴西兽和其他几种极像哺乳动物的犬齿兽类化石中，我们见证了犬齿兽类完全过渡到哺乳动物之前的最后阶段。它们是如同老鼠一般大小的动物，重要的哺乳动物新特征是齿骨和颅骨面颊区相接触。这个接触的出现是由早期犬齿兽类开始的齿骨不断向后扩张至够到脸颊的鳞状骨所造成的。它是新的哺乳动物的颌关节雏形，而方骨与关节骨之间原先的颌关节仍与之共存。巴西兽的另一个显著的哺乳动物特征是眼眶后面骨骼的缺失。

什么是哺乳动物？

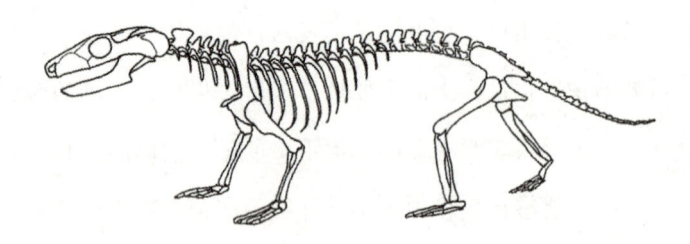

图 10　拥有高级犬齿的啮颌兽的骨架

最早的哺乳动物

所有化石中令人兴奋的发现之一，出自半个世纪前南威尔士一个采石场中2亿年前的矿床。它由一种个头如老鼠般大小的摩尔根兽的数百块牙齿、颌骨和其他骨头的碎片组成，比当时已知的几乎任何其他哺乳动物的化石都要古老，约有4 000万年之久。从那时起，非洲、中国和其他部分地区也相继发现了其他与摩尔根兽同类的化石样本，当中包括其完整的骨架，如图11所示。

在哺乳动物进化的最后阶段，我们在巴西兽身上看到的齿骨与鳞状骨的简单接触已经演变成一个全新且坚固的球窝关节。最初的颌关节（方骨和关节骨）很小，很容易被识别为后来哺乳动物用于传导声音的听小骨，即锤骨和砧骨，尽管它们仍然位于新的球窝关节旁。摩尔根兽的齿系从本质上来说已经完全具备哺乳动物齿系的性质：双牙根的磨牙上有一排由锋利的齿脊连接的三个尖端。当摩尔根兽闭颌时，它的上、下磨牙能够精确地咬合到一起，下齿脊抵住上齿脊，就如同迷你剪刀的刀片一样工作。摩尔根兽的另一个重要的新特征是它的大脑体积比犬齿兽类整整大了4倍，这主要归功于它前脑的扩大。此刻，大脑新皮质的进化正在顺利地进行。除了一些从兽孔类遗留下来的次要特征，譬如颈部的浮肋和简单的肩胛带之外，摩尔根兽的骨架就如同典型且非特异性的哺乳动物一样。

图 11　摩尔根兽类——大带齿兽的骨架复原效果

什么是哺乳动物？

就摩尔根兽的生理习性而言，小小的体形和尖尖的牙齿说明它是一种典型的食虫动物，而且我们有充分的理由相信它们是在夜间活动的生物。首先，当然也是非常简单的，这是大多数小型食虫哺乳动物的生活方式。其次，它那类似哺乳动物的牙齿、大脑和四肢都指向了如哺乳动物般的高代谢率，为了适应在寒冷的夜间保持活力的需要。最后，夜间有用的两种重要的感觉也都得到进化：嗅觉，体现在大脑中的大嗅球；听觉，从灵敏的听小骨的进化中可以被佐证。

我们关于哺乳动物起源的故事，正如化石记录所揭示的那样，是一场与不断增长的且充满活力的生活方式相关的许多特征的进化。最终，一种新的动物出现了，它既能在白天活动，也能在夜间穿行；既能在温暖季节里安身，也能在寒冷季节中立命。它那新得到的捕猎和进食效率，以及对周围环境强化的认知，确保了它可以获得所需要的额外营养。而且，它有潜力通过进化来适应这些新的技能，进而适应许多新的生境：从这开始，长达2亿年的哺乳动物辐射进化的巨幕被正式拉开。

第四章
哺乳动物的辐射进化

04

什么是哺乳动物?

中生代哺乳动物

事后来看,我们便知道这种2亿年前类似摩尔根兽的小小的哺乳动物祖先拥有多么巨大的潜力,它为后代,尤其是我们人类自己,带来了巨大的形态和生活方式的多样性。不过仍让我们惊讶的是,在今天所见到的大范围哺乳动物真正出现之前,到底经历了怎样漫长的时间。哺乳动物在其整个历史时期中至少有三分之二的时间,即中生代(也就是侏罗纪和白垩纪)余下的1.35亿年里,都是善于隐藏自己的小型动物——在夜间行动,以昆虫、蠕虫、种子和植物块茎为食。它们大多数都和小鼠、老鼠和兔子一般大小,仅有一到两种长到跟家猫一样大的体形。掠食性哺乳动物——巨爬兽是它们当中独一无二的"巨人"。但是即便如此,除去尾巴,

第四章 哺乳动物的辐射进化

它的身体也只有60厘米长，体重为12～14千克，与欧洲獾相似。

哺乳动物在中生代面临的问题是它们与恐龙共存于那个时期，而且恐龙自身的辐射进化几乎也是在同一时期开始的。一方面，恐龙碰巧是陆地上最早进化成中型到大型的动物，而且由于竞争排斥，它们阻止了哺乳动物向此等体形的进化。另一方面，哺乳动物先适应了小型动物高能量、夜间活动的生活方式，因此，同样是通过竞争排斥，它们阻止了恐龙进化出非常小的体形。

然而，如果我们想当然地认为哺乳动物受限于体形而没有在中生代进化很多的话，那我们可就大错特错了。随着越来越多中生代哺乳动物被相继发现，尤其是那些中国矿层中发现的保存完好的、带有皮毛痕迹的始祖兽完整骨架，如图12（a）所示，人们越发清楚地认识到中生代的森林和河畔都曾活跃着小型哺乳动物的身影，亦如今天一样。它们当中进化出与生境相关的新的牙齿和四肢。大多数种群的哺乳动物都长有锋利的磨牙，用来充分咀嚼它们的猎物——小型无脊椎动物。这些小型哺乳动物中，数量最多、生存时间最长

什么是哺乳动物?

的是类似啮齿动物的多瘤齿兽,如图12(b)和图12(c)所示,它们拥有巨大的门齿,用来收集食物,其后是如刀锋般的大大的前磨牙,负责把收集到的食物切碎,宽的颊齿(前磨牙与磨牙)有数排钝尖,可以将食物细细地研磨。它们的饮食包括能量丰富的植物性食物,如种子和块茎。另一个种群,包括体形相对较大的爬兽在内的真三尖齿兽类,则是进化出了具有三个尖端的后犬齿用来切割它们捕获的小型猎物。保存至今的最大的化石样本证实了这一点,它的体腔内保存了其生前最后一餐:一只小恐龙。

除了摄食适应的多样性之外,哺乳动物也进化出了各种各样的移动方式。它们当中有四肢短小而有力的掘地动物,也有后肢细长善于跳跃的动物。有一种像河狸一般的小动物,因为它长着一条又大又平的尾巴用来游泳,所以被叫作獭形狸尾兽,这确实是再恰当不过的了。还有几种树栖动物,它们长着可以用于抓握的脚跟尾巴。至于远古翔兽,它甚至进化出了像现代鼯鼠一样的滑翔膜。

中国的矿床中还发现了成为当今两种主要哺乳动物的最早的化石样本:1.35亿年前的胎盘类动物——始祖兽,以及与

第四章 哺乳动物的辐射进化

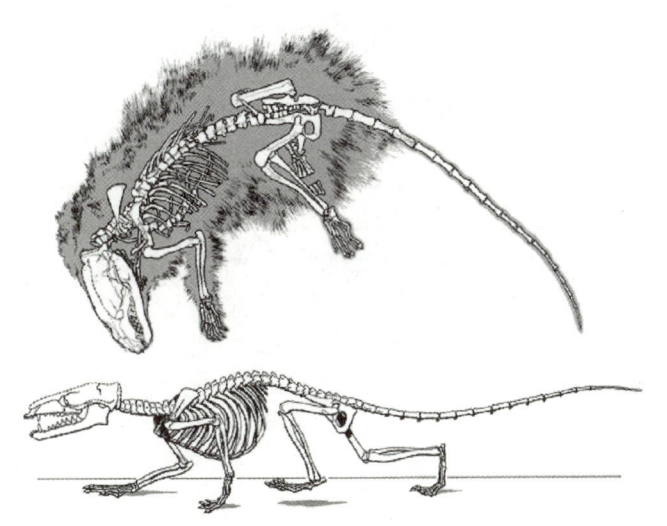

(a) 始祖兽——最早的胎盘类动物，保存毛皮印迹的化石和骨架复原效果

(b) 多瘤齿兽——奈梅盖特兽重建

图 12 中生代哺乳动物

它同一时期的有袋类动物——中国袋兽。尽管它们看起来非常相似，但已经在每种牙齿的数量和磨牙齿尖排列方式上分化开，这也是区分现代种群的证据。

什么是哺乳动物？

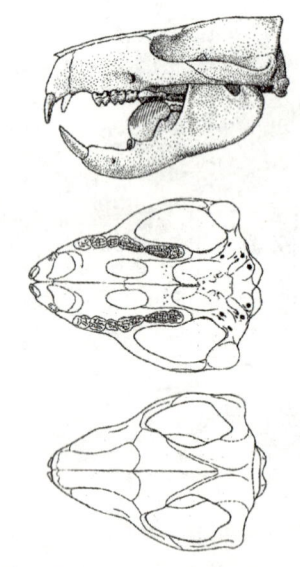

(c) 多瘤齿兽——羽齿兽的颅骨展示了独特的
类似啮齿动物的齿系和颅骨形状
续图 12　中生代哺乳动物

然而，随着下一个巨大的灾难性事件侵袭全球，一切都被永远地改变了。6 500万年前，一次大灭绝事件标志着白垩纪的终结，中生代也随之落幕。当时，超过60%的物种消失了，恐龙（除了鸟类，严格来说，鸟类是恐龙的一个分支）与空中的翼龙、海洋中的鱼龙和蛇颈龙一同从历史长河之中被抹去。古生物学家对于白垩纪大灭绝的原因仍然有着

第四章 哺乳动物的辐射进化

激烈的争论。有些人深信大灭绝由一颗巨大的流星坠入墨西哥海岸所致；另一些人则指出当时大规模的火山活动是罪魁祸首。不管事出何因，在中生代终结之时，曾经丰富多样的陆地脊椎动物群体中，只有少数的多瘤齿类、胎盘类和有袋类哺乳动物连同不多的爬行动物、鸟类和两栖动物幸存了下来，但这足以为哺乳动物进化到下一个阶段埋下种子。

第三纪哺乳动物的辐射进化

当地球刚刚从白垩纪大灭绝中恢复过来的时候，新的哺乳动物的辐射进化便悄然开始。在第三纪开始后不到二三百万年的时间里，化石记录中首次出现了较大体形的哺乳动物。在一个恐龙灭绝的世界里，不再有任何物种的竞争和排斥来阻止哺乳动物朝着大型动物的进化。一些被称为踝节类（Meniscotherium）的早期胎盘类动物为了适应新的饮食长出了更大、更钝的磨牙，同时，脚趾末端锋利的爪子被小蹄子所取代，以提高它们的奔跑能力，如图13（a）所示。此时，大多数哺乳动物的体形都跟兔子差不多，但也有一些进化成了更大的动物，比如原蹄兽，体重达50千克，如绵羊一般大。某些胎盘类动物种群的成员体重超过100千克，如钝脚

什么是哺乳动物？

类（Coryphodon），如图13（b）所示。其他胎盘类动物很快进化成更大体形的肉食性动物，来捕食这些新的食草动物。肉齿类（Machaeroides），如图13（c）所示，可以长到狼的大小，趾的末端长有锋利的爪子，拥有强有力的犬齿，磨牙常特化为可用于切割的片形（裂齿），用来处理猎物。

（a）踝节类——新月兽

（b）钝脚类——冠齿兽

（c）肉齿类——类剑齿虎

图13　古新世的大体形哺乳动物

第四章 哺乳动物的辐射进化

在第三纪初期,还出现了其他一些新的哺乳动物种群,它们仍然保持着小体形,包括现代胎盘类动物的第一批成员,有食肉目(Carnivora)、灵长目(Primates)和啮齿目(Rodentia);还包括食虫的真盲缺目(Eulipotyphla),这一类今天的成员有鼩鼱、鼹鼠和刺猬。然而,真正见证了哺乳动物最丰富多样性的是大约5 000万年前的始新世初期。那是一个全球气温较高的时期,比今天的温度高出大约13 ℃。这样温暖的气候,再加上导致这种气候的高浓度的二氧化碳,使地球上植物迅速增长。茂盛的森林覆盖了地球表面的大片区域,甚至是在南至南极洲和北抵阿拉斯加的高纬度地区也是如此,这些区域是很多动物的家园,哺乳动物的多样性空前绝后。有幸从中生代幸存下来的种群,如小型的杂食性多瘤齿兽类、负鼠般的有袋类动物和原始的食虫类胎盘动物,得以继续繁荣发展,而那些在第三纪初期新出现的哺乳动物种群也伴随着它们的发展扩张开来。几乎所有存活下来的胎盘类动物都出现在这一时期的化石记录中。有代表奇蹄动物的、长有五根脚趾的如小猎犬般大小的始马属(*Hyracotherium*),有代表偶蹄动物的与羚羊大小相仿的古偶蹄兽属(*Diacodexis*)。还有一种像猫一样的小型食肉目动

什么是哺乳动物？

物，叫作小古猫，而最早的大象生活在北非，叫作磷灰象，其身高仅有30厘米。

哺乳动物目最大限度的特异性也在始新世逐渐形成。今天，我们在巴基斯坦的海岸沉积物中发现的一些鲸化石仍然有结实的四肢，对此，或许除了有幸发现它们之外，我们大可不必惊讶。那个时候，巴基鲸，如图14（a）所示，仍然可以在陆地上飞奔。罗德侯鲸，如图14（b）所示，拥有长长的可以划水的四肢，很像现代的海豹，虽然在陆地上动作相对笨拙，但它是游泳好手。与此同时，一种体长2米，长着长腿的叫作地海牛的海牛类动物，如图15所示，正在西印度洋群岛的海岸上漫步。最早发现的蝙蝠，尽管尚不具备回声定位的能力，但已经具有完善的飞行机制。

始新世行将结束之际，全球气温和降雨量开始下降，气候逐渐变得不利于哺乳动物生存。约在3 200万年前，它们遭受了一场被称为"大置换事件"的灭绝浪潮，当时有超过一半的物种消失了。较为古老的哺乳动物种群遭受重创，随着最后幸存的多瘤齿兽类的消失，几乎所有的踝节类、其他早期的食草动物和肉齿类也一同覆灭。

第四章 哺乳动物的辐射进化

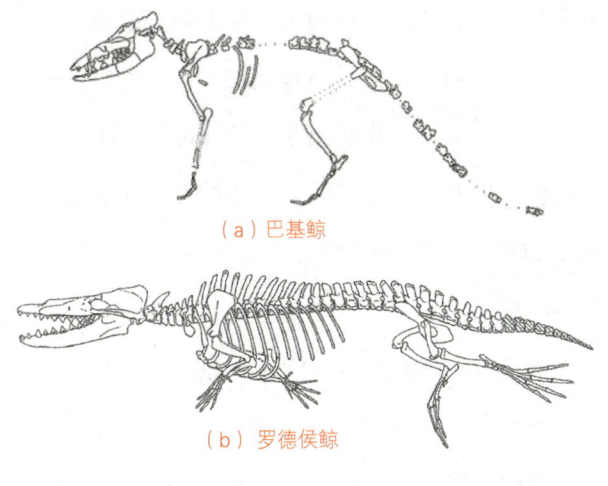

(a) 巴基鲸

(b) 罗德侯鲸

图 14 始新世有肢鲸类

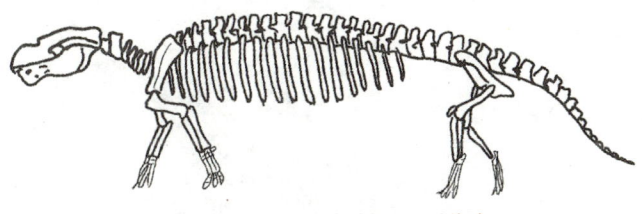

图 15 始新世海牛类动物——地海牛

这场危机开启了渐新世,在这一时期内很少有新的主要哺乳动物种群进化出来。但在2 300万年前,中新世的开始标志着世界重新回归到一个更加温暖、对哺乳动物也更有利的环境。紧接着,幸存下来的哺乳动物种群迅速辐射开来,

什么是哺乳动物？

它们的多样性在不久之后达到了历史上第二波高峰。我们今天所熟悉的现代哺乳动物目遍布于世界，但也有一些大家不熟悉的成员。例如，蹄兔是当今一种非常不起眼的小型哺乳动物目，但在中新世，它们可是重要的大型食草动物种群之一，其中包括一些如犀牛般大小的物种。这些奇蹄目动物中，有马、貘和犀牛，它们在现代世界中并不罕见，但也会有一些匪夷所思的哺乳动物。巨犀，如图16所示，站立时肩高可达6米，体重约为40吨，是迄今为止最大的哺乳动物。爪兽，是一种同样不寻常的奇蹄类巨兽，它的前腿几乎是后腿的两倍长，可以用巨大的爪子拉下树枝，食用树叶。

图 16　中新世奇蹄类动物——巨犀

第四章　哺乳动物的辐射进化

青草是一种营养丰富但难咀嚼的植物性食物。中新世期间，青草在大片地区扩张，创造了北美大草原、南美潘帕斯草原、欧亚大草原和非洲大草原。哺乳动物可以通过吃草过上自由自在的生活，当然前提是它们长有较大的高冠齿，能够抵抗过度磨损。中新世的马，比如中新马，就拥有这样的高冠齿。但截至目前，长有这种高冠齿的哺乳动物当中，数量最多的是偶蹄动物（例如鹿、羚羊等）。这一时期，许多新的物种也进化到能够利用这样一种丰富的食物。中新世以这些食草动物为食的食肉动物当中，有些长着长且锋利的犬齿（剑齿），它们是用于捕杀大型猎物的利刃，如图17所示。

图 17　中新世巴博剑齿虎

什么是哺乳动物？

另一种全新的胎盘类动物也首次出现在中新世。灵长类，譬如原康修尔猿是最早的类人猿，它们的吻部变小，大脑增大，前肢变长，代表着人猿辐射进化的开始，而人猿辐射最终进化成的物种中，包括我们人类自己。

岛屿大陆——大洋洲和南美洲

在第三纪，哺乳动物有大量的机会在北美洲、欧洲和亚洲的北方大陆之间形成广阔的分布之势。到了中新世，非洲大陆向北漂移，也加入这些大陆。主要的北方兽类哺乳动物遍布各处，而非洲大象和少数蹄兔则向北扩散。然而，我们对于哺乳动物进化的构想仍然是不完整的，因为当时有两个地理上孤立的岛屿大陆：一个是大洋洲，另一个是南美洲，直到300万年前它才与北美洲相连。这两块大陆上的哺乳动物都是在与世界其他地区隔绝的情况下进化而来的，形成了与北方大陆截然不同的种群。

就大洋洲而言，截至目前，大多数哺乳动物都曾是（目前仍是）有袋类动物。在人类引入大洋洲野狗、兔子和其他动物之前，到达过这片大陆的胎盘类动物仅有蝙蝠和啮齿类动物，前者可以通过飞行到达这里，而后者则在最近的几

第四章 哺乳动物的辐射进化

百万年间偶然从东南亚迁徙过来。这些有袋类动物是由一群像负鼠一样的祖先进化而来的，它们居住在泛大陆的南部。当大洋洲从泛大陆分离漂移的时候，它们便被隔离开来。昆士兰里弗斯利地区的化石记录表明，当时间来到2 000万年前的中新世，这些被隔离的动物已经进化成许多不同的种类，比如小的食虫动物袋貂，兔子般大小的袋狸，更大一些的食草动物，譬如袋熊和袋鼠，还有食肉动物，如袋狼，甚至还有有袋类鼹鼠，这些动物组成了一个特殊的动物群——澳大利亚有袋类（Australidelphia），与我们今天在大洋洲所见到的动物群非常相似。

相比而言，南美洲哺乳动物的进化要复杂得多，也有趣得多，因为这片大陆不像澳大利亚那样与世隔绝，而且我们有更好的化石序列。两片美洲大陆在白垩纪大灭绝之前一直是相连的，而后南美洲发生脱离并开始向南漂移。那个时候，一群小型的北美负鼠已经存在于南美洲之上，它们是有袋类动物，在接下来的数千万年里，这些动物进化成了南美负鼠。它们中间还产生了一批有袋类食肉动物，叫作南美袋犬，它们的体形分布从狐狸般大小一直到熊一般大小，甚至还进化出一种叫作袋剑齿虎的大型掠食动物。

什么是哺乳动物?

与大洋洲情况不同的是,胎盘类动物在第三纪开始的时候就已经生活在南美洲的土地上了。它们当中有各种各样的中到大型食草动物,齿系通过进化长出了一种用于研磨食物的增大了的颊齿,而且脚趾上锋利的爪子也被蹄子所取代。其中一些类似于马的南美洲有蹄类动物,例如滑距骨兽,甚至在某种程度上,进化出了高冠齿用来吃草,以及剩下单独的一根脚趾。其他的类似于大象的焦兽,则长出了长长的獠牙。南美洲有蹄类是具有多样性的群体之一,从类似兔子、绵羊般大小的物种到像熊一样的大型的箭齿兽,如图18(a)所示,其身形和比例与一头大犀牛相当。

异关节类是现代胎盘类动物超目之一,是另一种珍奇的南美洲胎盘类动物种群。现存的犰狳、树懒和食蚁兽都是很奇异的动物,但它们其实远远不及一些已经灭绝的异关节类成员那般奇特。身长2米的雕齿兽是犰狳的亲戚,它们巨大的铠甲看起来犹如坦克一般,如图18(b)所示。而大地懒,如图18(c)所示,则是一种如大象般大小的巨型地懒,它可以用后腿站立,够到4米高的树枝,并用巨大的前爪将其拉下来以便食用。

第四章　哺乳动物的辐射进化

在距今3 000万～3 500万年前的岩石中，突然出现了令人惊讶的两组新化石，一组是啮齿类动物，另一组是灵长类动物。它们唯一可能来自的地方是非洲：它们也许是搭乘被一场风暴从海岸上撕扯下来的植被所形成的浮岛，一路漂流，侥幸穿越了南大西洋，到达了南美洲。当它们抵达新家之后，就迅速地进化成了我们今天仍然能够见到的动物群中的重要组成部分。南美洲的啮齿类动物（豪猪亚目，Hystricognatha）包括各种各样的老鼠、豪猪和喜水性的水豚，其中一种已经灭绝的巨鼠体重达700千克，是如河马一般大小的庞然大物。它是有史以来最大的啮齿类动物。其他的豪猪亚目动物，如巴塔哥尼亚豚鼠，进化出了更长的腿，奔跑得更快，如同小羚羊一样。与此同时，灵长类动物也变得多样化，成为猴子这片新世界的分支，宽鼻子的新大陆猴，如蜘蛛猴、绢毛猴、狨猴和吼猴。

南美洲哺乳动物故事的最后阶段开始于大约300万年前。在向北漂移了一段时间后，这片大陆最终与北美洲大陆重新相连，许多哺乳动物从北美洲向南美洲或从南美洲向北美洲穿过巴拿马地峡，随后在两片大陆上分散开来。最大的转变是北方的哺乳动物进入南美洲，在那里，大象、鹿、骆驼、

什么是哺乳动物？

(a) 有蹄类：箭齿兽

(b) 异关节类：雕齿兽

(c) 巨型地懒：大地懒

图 18　第三纪南美洲哺乳动物

第四章　哺乳动物的辐射进化

马等动物迅速站稳脚跟，并在大部分南方动物种群的灭绝中发挥了作用。最初的南美洲哺乳动物中，只有一些负鼠、更小体形的异关节类动物、新大陆啮齿类动物和猴子存活了下来。实际上，这些哺乳动物中有很多物种成功地向北方扩散，在那里，它们共同构成了现在中美洲和美国南部现代哺乳动物群的一部分。

故事的结局

在过去的500万年时间里，全球平均气温和降雨量一直在缓慢下降，同时哺乳动物的数量也在逐渐减少。极为重要的是，哺乳动物经历了一个更加突然和极端的全球灭绝阶段。这个阶段始于6万年前，与一系列更新世冰期的结束相吻合。就物种数量而言，与一些地质上较早的时期相比，这场灭绝并不是一场特别大的灾难。但更新世末期的灭绝却与众不同，因为灭绝的多为大型哺乳动物：大多数我们称作巨动物群的哺乳动物都不复存在了。这一事件与大冰原消退时气候和植被的变化相吻合，也与人类在全球范围内扩张的大致时间相吻合。巨兽的灭绝，究竟是缘于自然环境的变化，还是人类过度狩猎导致的结局（即使在他们扩张的早期）？人们

什么是哺乳动物？

关于这个问题已经争论了150多年。我们将在最后一章再回到这个问题上来，但与此同时，无论原因如何，此次灭绝就事实而言，是形成我们如今哺乳动物群的最后一个重要因素。接下来的几章中，我们将细细地讨论这些哺乳动物群。

第五章
食肉哺乳动物

什么是哺乳动物?

小型食虫哺乳动物

我们认为,现代哺乳动物的共同祖先是体形较小、主要在夜间活动的动物。同时,根据它们的牙齿判断,它们以昆虫、蠕虫和其他无脊椎动物为食。一些种类的哺乳动物在今天依然遵循着这样的饮食习惯,比如胎盘类动物:鼩鼱、鼹鼠、刺猬和马岛猬,以及南美洲和大洋洲大陆上的有袋类动物,如许多种类的负鼠。它们都长有尖锐的门齿和犬齿用来捕捉猎物,之后是使用带有锋利齿冠的颊齿咀嚼食物。食物一经入口,颌部的第一个动作是使用颊齿进行简单的磨碎。如果食物很硬的话,譬如昆虫的角质层,颌部则开始第二个动作,即上、下磨牙之间更加精确的切割,上、下相对的锋利齿冠就如同刀刃一般,能够将食物切成细小的碎颗粒。

第五章　食肉哺乳动物

昆虫和其他小型猎物的营养丰富，而且容易被蛋白溶解酶消化，所以食虫哺乳动物的肠道可以更短，构造也相对简单。食虫哺乳动物以昆虫为食的主要问题首先是如何捕捉它们，实现这一目标的关键在于要对昆虫的存在非常敏感，尤其是要对它们的声音和气味敏感，还有就是具备足够的敏捷性。食虫哺乳动物那较小的体形对它们自身来说是有益的，因为昆虫个体的体形都很小，如果食虫哺乳动物的体形更大一些的话，就很难获得足够的食物以满足自身的需要（蚂蚁和白蚁是个例外，我们将在后面的章节中看到这个例子）。

大型食肉哺乳动物

由小型食虫哺乳动物祖先进化成，较大型食肉哺乳动物，齿系所需要的解剖学变化相对较少。主要的改变是一个或多个后齿的、用于切割的V形齿脊变得夸张并且纵向排列，形成所谓的裂齿。它们如同刀锋一样，切开猎物坚韧的肌腱，并将肉切碎成易于吞咽的碎片。特异性程度不高的食肉动物，譬如狗，如图19（a）所示的后磨牙仍有一个较宽的部分，能够执行碾压的动作，这是因为它们的食物更加复杂，包括浆果、无脊椎动物，腐肉及鲜肉。鬣狗也有宽宽的

什么是哺乳动物？

磨牙，如图19（b）所示，但对于它们而言，这些磨牙是为了借助巨大的颌部肌肉的作用来压碎骨头，获得里面的骨髓。猫，如图19（c）所示，是所有哺乳动物中较为极端的动物，它们犬齿后面的牙齿仅剩下一到两对大的裂齿，这表明它们完全是食肉动物。与猫的这种进化方向相反，一些食肉哺乳动物，比如獾，倾向于在饮食中摄入更多的植物性食物。因此，它会在吃下蚯蚓的同时，一起吃下植物的根茎和块茎。熊，如图19（d）所示，也是杂食性动物。它们的裂齿已经变得又宽又钝，这与它们的饮食习惯保持一致：除了肉之外，它们还吃大量的浆果、根茎、块茎，通常还有鱼。食肉哺乳动物的齿系甚至被土狼朝着另一个方向改变：仅长有几颗简单的牙齿。土狼是非洲草原上的一种小型鬣狗，如图20所示，以白蚁为食。它会用极其敏锐的耳朵来侦察白蚁的行动，然后用又长又黏的舌头舔食它们。

大型食肉哺乳动物的肠道与其小型食虫祖先的肠道相比并没有太大的变化，这些适应主要是为了捕捉猎物，因为猎物的体形往往和它们自身的体形相当，甚至更大。敏锐的视力对于大型食肉哺乳动物来说是必不可少的，在追击猎物的过程中，双目并用注视前方，以准确地判断出与猎物的距

第五章 食肉哺乳动物

离。捕捉大型猎物有两种普遍的解决方案,一种是由单独的个体进行隐秘狩猎,另一种则是由有组织的种群进行集体狩猎。

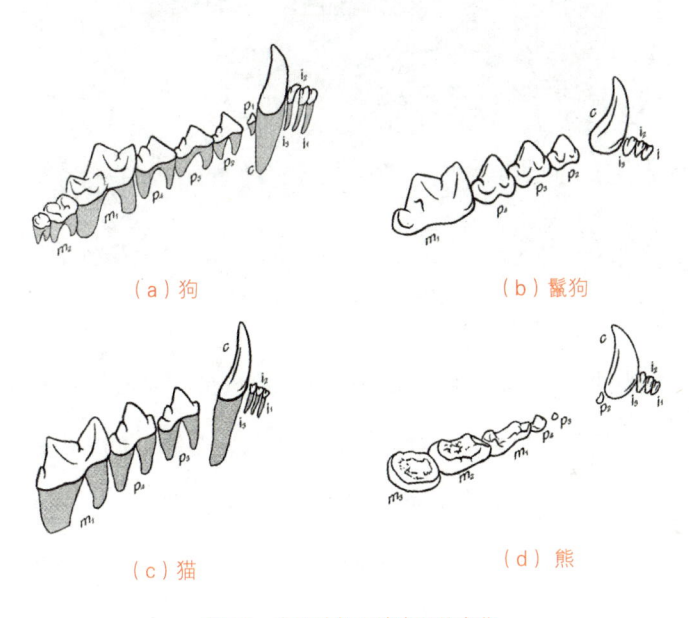

(a)狗

(b)鬣狗

(c)猫

(d)熊

图 19 食肉动物下端齿系的变化

什么是哺乳动物？

图 20　觅食中的土狼

猫科（Felidae）动物中的大多数成员都是独来独往的猎手，像老虎和野猫一样，不过狮子是个例外。狮子们大多是集体狩猎，但个体也完全能够自食其力。即使在一个狮群当中，一只雌狮也能在种群中其他成员赶来帮助完成猎杀之前，依靠自身的力量击倒一头成年的水牛。猫科动物的四肢肌肉发达，强壮有力而且相对较短，这些特征使得它们能够加速奔跑，不过它们并不太适合持续地快速奔跑。相比之下，作为猫科动物的主要猎物，羚羊和鹿的四肢长而纤细。因此，典型的猫科动物会借助黑夜或植被的掩护来狩猎。它

第五章　食肉哺乳动物

们会在被发现之前尽可能地接近猎物，而后才会发起攻击。为了抓住并扑倒猎物，猫科动物的四肢需要长有锋利的爪子，这一解剖学特征进一步降低了此类动物的奔跑效率。如果初次攻击失败，它们随后的追击只能持续很短的时间，因为很快它们就会陷入疲劳。虽然这是大多数猫科动物的捕猎策略，但猎豹进化出了更长，也更轻盈的四肢，使得它能够以更高的速度奔跑，不过它的冲刺时间仍然相对较短。猎豹的速度可以达到100千米/小时，能够在开阔的平原和草原上成功捕猎，但最终它们也会受制于缺乏耐力。

犬科（Canidae）动物则向我们展示了另一种捕食方式：有组织的集体狩猎。例如，非洲野犬生活在一个规模为10～25只的种群中，个体之间通过复杂的触觉和问候仪式来相互交流，以保持群体中的社会一致性。非洲野犬种群当中有一对领头的雄性和雌性，它们指挥集体狩猎行动的细节更是达到了惊人的程度。尽管它们可捕获的代表性猎物是较小的羚羊，但是也可以追捕水牛或斑马等比自身大得多的动物。兽群中的大多数野犬会追逐选定好的猎物，但如果猎物的行进方向发生改变，一些野犬在经过协调之后就会脱离追捕队伍，到猎物行进路线的前方进行拦截。借助它们相

什么是哺乳动物？

对细长的四肢，非洲野犬在追逐羚羊时可以保持50～60千米/小时的速度奔跑数千米远的距离。当一只野犬从后面抓住羚羊时，兽群中剩下的同伴就可以帮助它把羚羊扑倒。在北半球，狼群在捕食猎物的时候也展现出了相同程度的社会协作。

第六章

食草哺乳动物

什么是哺乳动物？

与捕食者的食物相比，植物性食物有两个巨大的优势：储量丰富，并且不会逃跑。正因如此，我们大可不必对这么多哺乳动物是食草动物而感到惊讶，它们其实只是利用了植物那巨大的多样性和丰富度而已。但是，与这些优点相匹配的却是一些现实难处。首先，与肉类相比，植物的营养价值通常比较低，因此必须大量食用，尤其是枝叶。其次，树叶常常含有具有保护性的粗糙颗粒，如果它们长在地面附近，很可能附着有沙砾，这会很快磨损掉食草动物用于咀嚼的牙齿。最后，植物的细胞壁是由碳水化合物和纤维素组成的，而哺乳动物，像几乎所有的动物一样，自身是不能够产生纤维素酶将纤维素分解为糖类的。取而代之的是，它们必须间接地依赖肠道内微生物的活动来消化这些纤维素，使细胞内容物释放出来。于是，为了成为一种成功的食草动物，哺乳动物必须进化出特殊的适应能力，包括大量摄入和咀嚼这些

第六章　食草哺乳动物

植物性食物，并在其肠道中一个叫作发酵腔的部分容纳大量细菌，用来帮助消化纤维素。此外，食草动物在进食的时候尤其容易受到攻击，需要足够的保护来抵御捕食者。

小型食草动物：啮齿类、兔类和蹄兔类

在漫长的历史中，体形稍小的哺乳动物适应了吃植物中尤其有营养的部分，如种子、果实和其他贮存器官，譬如我们在之前的章节中提到的中生代多瘤齿兽类。如今，啮齿类仍然热衷于这种进食方式，通常这些植物营养器官只是它们混合饮食的一部分，其他部分还包括无脊椎动物，可能还有小蜥蜴和鸟蛋。而对于老鼠来说，它们的食物几乎是能抓到的任何东西。事实上，啮齿类是所有哺乳动物中极具多样性的物种。

在很大程度上，啮齿类的强大咀嚼能力要归功于它们改进的齿系与颌部肌肉，比如美洲豪猪拥有分开并朝前排列的硕大的咬肌，如图21（a）所示。它们那一对上、下门齿如同长长的凿子一般，也是捡拾各种食物的万能工具，通过反复啃咬的动作可以切割坚韧的食物。它们每颗门齿的前端都覆盖着一层薄薄的极为坚硬的材料——釉质，无论牙齿在使用

过程中如何磨损,釉质能够始终保持锋利的刃口。门齿的牙根深深嵌在颌中,尽管所有的磨损源自牙齿与牙齿之间因保持长度而不断向外生长的齿冠,但是牙齿与牙齿之间的长期接触也会造成一定的磨损。门齿和颊齿之间有一个空隙,称为牙间隙(亦称齿虚位),它取代了余下的门齿和犬齿。在牙间隙之后,前磨牙和磨牙有宽而平的用于研磨的表面,以釉质脊的纹路为标志。当硕大的颌部肌肉有力地前后拉动下颌时,食物在上、下两排牙齿之间被碾碎。这种方式几乎能够处理任何种类的食物,甚至是坚硬的木头或者是不易被切开的坚果外壳。

啮齿类的消化系统,如图21(b)所示,其中盲肠是一段附着于肠后部的盲端延伸,里面充满了可以把纤维素分解成可消化的碳水化合物的微生物。为了获得利用这些微生物效益的最大化,它们会吃掉第一次排出的柔软且富含水分的粪便。而后,这类粪便会再次通过肠道来完成所消化食物的吸收,这种习性被称为"食粪性"。"食粪性"实际上并非吃粪,而是吃含有大量粗蛋白的盲肠内容物。我们通常看到的大鼠和小鼠那些坚硬的黑色粪便就是食物二次通过肠道后的结果。这种全能的摄食策略证明啮齿类已经进化到可以生

第六章 食草哺乳动物

活在各种各样的生境之中,并且以许多不同的主要食物来源为生。

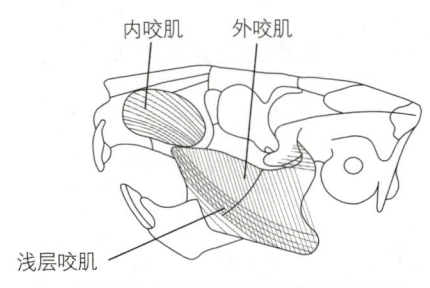

(a) 美洲豪猪分开并朝前排列的硕大的咬肌

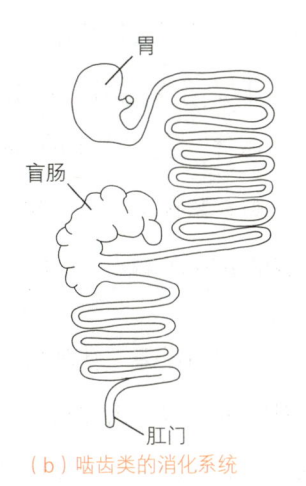

(b) 啮齿类的消化系统

图21 啮齿类的咬肌和消化系统

什么是哺乳动物？

大多数啮齿类体形较小，而且往往远低于1～2千克。许多啮齿类食用低等级的多叶植物，但它们通常不能仅依靠这种食物生存，而是必须食用更高等级的食物作为补充。水豚是个例外，因为它可以长到60千克，以水中和水边低洼地中的草类为食。如此庞大的体形增加了水豚需要收集的食物量，因此它有一个特别大的盲肠用来更有效地利用这些草料。

兔类（兔形目，Lagomorpha）是小型食草哺乳动物的第二个目，包括鼠兔、兔子和野兔。它们与啮齿类非常相似，两者事实上是相关的，共同被划分在一个叫作啮齿动物的种群里。和啮齿类一样，兔类也有一对细长的牙根外露的门齿，不过对于兔类而言，第一对门齿后面还有一对小门齿。门齿后同样是牙间隙，紧接着是5～6颗大的磨牙。兔类也拥有一个增大的充满微生物的盲肠，同样也有"食粪性"。

鼠兔的外表尤其像啮齿类，耳朵短而圆，后腿也较短。它们栖身于北美洲、喜马拉雅山脉和东北亚大草原偏远高地上的岩石或洞穴中。其余的兔类，即兔子和野兔，它们的物种数量则要多得多，分布也更加广泛，包括沙漠、森林、草

第六章 食草哺乳动物

地、山地和苔原等。作为以各种各样植物为食的普通哺乳食草动物，兔类在生物群落中扮演着极其重要的角色，尤其是在那些更具挑战性的生境当中。它们是植物性食物的主要"消费者"，同时也是食肉哺乳动物和猛禽的主要食物来源。人们听到的关于兔子繁殖能力的传说绝非言过其实，因为它们有几种适应性专门是用来提高繁殖率的，从而弥补它们所遭受到的高捕食率。兔类的排卵是由交配直接刺激的，而不是只在固定的时间发生，并且雌性在分娩后可以马上再孕，以减少生产下一胎的延迟。它们的妊娠期只有一个月左右，每窝窝重通常会很大，后代仅需要三个月左右就可以达到性成熟。兔类依靠它们那两只极其敏感的长耳朵逃离捕食者，再加上较强的加速能力和细长后腿的快速奔跑：野兔的速度可以达到45千米/小时。这一点很重要，因为大多数兔子都生活在开阔的土地上，只有极少数的兔子，譬如欧洲兔，是自己挖洞筑巢来保护和照顾它们的孩子。

蹄兔类（蹄兔目，Hyracoidea）是小型食草哺乳动物的第三个目。我们今天见到的十余种兔子般大小的蹄兔，是大约1 500万年前非洲丰富的中到大型食草动物的小部分残余，它们扮演着与猪、羚羊和小犀牛相似的角色。实际上，我们在

什么是哺乳动物?

它们的身上依然可以发现一些通常是大型食草动物的特征,比如高冠齿、用于发酵的多腔胃、只有四个前脚趾和三个后脚趾,每个脚趾都有一个似小蹄子的趾甲。蹄兔类的脚上长有橡胶状的肉垫,可以帮助它们抓住典型生境里光滑的岩石表面,例如开普敦桌山上人们所熟知的岩蹄兔,如图22所示。它们以缺乏营养的纤维植物为食,好在身体的低代谢率降低了它们对营养的要求,而高浓度尿液的产生也将它们需要摄取的水量减到最少。

图22 岩蹄兔

第六章　食草哺乳动物

大型食草动物:"有蹄类"与大象

胎盘类动物中有两个食草的目被称作"有蹄类",因为它们的脚趾尖上是蹄子而非爪子。这个称呼相对宽松,因为它们彼此之间的关系其实并不密切。有蹄类的磨牙大而钝,能够形成有效的咀嚼面。奇蹄类(Perissodactyla)包括马、犀牛和貘;偶蹄类(Artiodactyla)包括猪、鹿、牛、骆驼、羚羊、长颈鹿、河马、野猪和鼷鹿。以枝叶为食的哺乳动物倾向大体形是十分必要的。与小型哺乳动物相比,它们的代谢率较低,因此每天需要摄入的食物就相对较少。同时,庞大的体形可以使有蹄类在白天高温下不太容易过热,这样就可以使其在户外继续长时间进食。

那些特异性较低的有蹄类,如奇蹄类中的貘和偶蹄类中的猪,它们的饮食更加广泛,可以吃掉所有细嫩的植物。对于猪而言,它们也会吃掉任何可能碰到的无脊椎动物和腐肉。它们的颊齿实实在在地增大了,但齿冠有分开的圆形齿尖,齿根是闭合的,这样它们的牙齿不会一直生长,但也限制了它们能够承受的磨蚀。

什么是哺乳动物？

大约2 000万年前，世界上出现了广袤的大草原，为食草动物提供了几乎取之不尽、用之不竭的食物。然而，此时的草已经进化出了一种自我保护措施，即将二氧化硅颗粒嵌入它们的叶子中，使自身极其粗糙。此外，作为矮生植物，它们经常遭受沙质和砂砾颗粒的污染，进一步增加了磨蚀性。这两个有蹄类中更高级的成员进化出了能够处理这种食物的牙齿。它们的前磨牙和磨牙相似，如图23（a）所示，每颗前磨牙都有一个釉质脊的样式，贯穿了齿冠的整个高度，并暴露在一个大的磨削面上，如图23（b）所示。在咀嚼大量树叶的过程中，牙齿的表面会被逐渐磨损，由于坚硬的釉质脊总是比牙齿其他部分的软质略微隆起，因此牙齿可以保持着如锉子一般的粗糙度。有蹄类的牙齿也很长，深深地嵌入颌部，牙根外露，带有血管。每颗牙齿持续向外生长的速率和齿冠被磨损坏掉的速率一样。针对不同的种群，它们的釉质脊的样式是不同的，这使得它成为一个有用的种群识别特征，同时也向我们表明，高冠齿在不同种群中独立进化。

有蹄类的颌关节总是平滑且不受束缚的，因而它们的下颌骨可以在咀嚼中左右移动，例如我们在牛或马咀嚼时看到的那样。咬肌或颊肌附着在下颌外侧，是最大的闭颌肌肉。

第六章 食草哺乳动物

它沿着下颌向前充分地延伸,产生非常强的咬合力,不过下颌的开合度会因此而受到限制。包裹咬肌的柔软的脸颊也朝着下颌前部充分地伸展,这使得食物更容易留在嘴里。

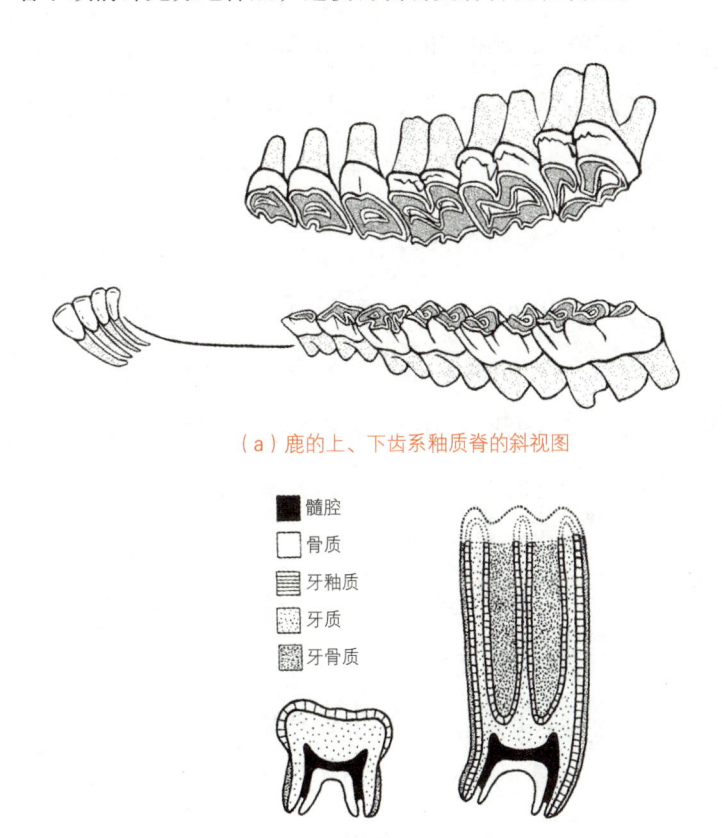

(a)鹿的上、下齿系釉质脊的斜视图

■ 髓腔
□ 骨质
▤ 牙釉质
▥ 牙质
▦ 牙骨质

(b)低冠齿的截面(如猪)及高冠齿的截面(如马)

图 23 大型哺乳动物对食草性的适应

什么是哺乳动物？

一些长有高冠齿的专性食草动物也拥有改进的门齿，以便更快地收集食物。马的门齿又宽又钝，如同夹子的上、下边缘一般，可以牢牢地抓住一束草，然后将它们扯下来或拔起来。许多偶蹄类则使用了一种不同的方法，它们的上门齿被一层角质垫取代。下门齿前边有着锋利的边缘，充当刀刃切向角质垫，恰似一把刀切在砧板上，所以它们实际上是在切割植物。

有蹄类利用咀嚼可以将多叶植物碾碎，利用物理方法在一定程度上破坏植物的细胞壁。但是，大多数细胞壁会被完整地保留下来，而构成细胞壁的纤维素本身则是食草动物食物中碳水化合物的重要来源。不同有蹄类的肠道中会有不同的部分专门用作发酵腔，里面含有能够消化纤维素的细菌和其他微生物。有蹄类反刍动物极具多样性，它们是偶蹄类中的一个亚目群体，包括鹿、羚羊、牛、羊和长颈鹿。顾名思义，反刍动物具有把已经吞咽下去的食物倒流回到嘴里的习性，这样它们就可以第二次咀嚼——"倒嚼"。由于它们的发酵腔是一个位于肠道前端的较大的多室胃，如图24所示，这才使得"倒嚼"成为可能。反刍动物开始的咀嚼相对很少，摄入的植物被吞咽后会快速进入胃里面。随后，它们会

第六章 食草哺乳动物

将这些食物从胃中呕出细细地磨碎，然后再次进入胃室中，暴露在微生物的作用下。当微生物完成了它们的工作，纤维素被彻底地消化掉，食物就会通过肠道被吸收。食草动物在露天觅食时，会时刻面临着被捕食的危险。这种情况下，反刍系统的优势就很好地体现了出来：咀嚼的主要工作可以留到它们回到安全的藏身之地或者兽群之中以后再完成。

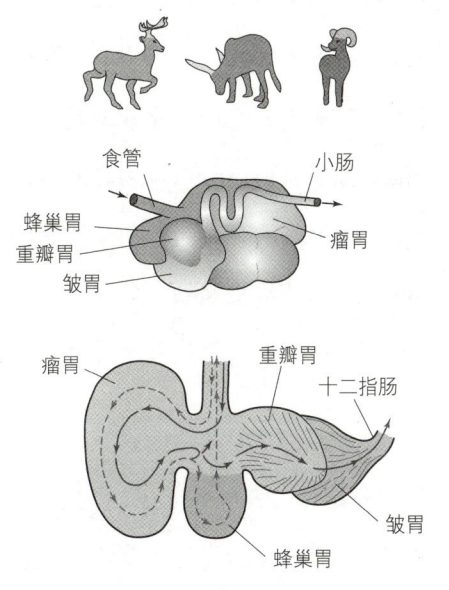

图24 反刍动物的多室胃结构（例如羚羊、骆驼、绵羊）

什么是哺乳动物？

然而，将胃用作发酵腔的方式其实限制了动物生存所能依靠的植物种类，因为胃本身就充当过滤器的作用，它仅允许已经被消化的小颗粒通过并进入肠道。食物整体在肠中的移动速度是有限的。因此，反刍动物总的来说必须吃相对高质量的食物，这些食物纤维含量低，可以被微生物迅速分解成足够细的颗粒。发酵腔的替代位置是后肠，那里没有这样的限制。奇蹄类有一个大尺寸的盲肠，附着在大肠上，靠近肠道的后端，即使是那些非常大、未完全消化的食物颗粒也可以从这里排出。这种不完全的消化效率较低，因为更多的食物其实是被浪费掉了，但由于可以通过肠道的食物总量大得多，可以衡平这个缺点。相比于反刍动物，马科动物，包括斑马、马和驴，可以依靠更坚硬、营养价值更低的纤维植物生存，因为它们可以通过大量进食来弥补食物营养价值低的缺陷。

大象，属于长鼻目（Proboscidea），是现代大型食草哺乳动物的第三个目。它们是后肠发酵动物，拥有一个盲肠，如图25所示，与奇蹄类一样，可以依靠营养价值较低的植物生存。大象非常引人注意的是它的齿系，它们拥有6颗巨大的颊齿，每颗牙齿根据物种和性别的不同，由5～25个釉质脊或

第六章　食草哺乳动物

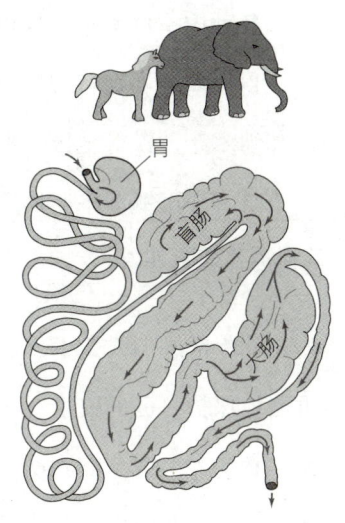

图 25　后肠作为发酵腔的肠道结构（例如马和大象）

者釉板组成，横穿齿冠表面。不像大多数哺乳动物那样所有的牙齿一起工作，大象每边的颌一次只露出一到两颗牙齿。伴随着磨损，它们会沿着颌部向前移动，直到最终牙根被重新吸收，齿冠残余脱落。与此同时，后面的那颗牙齿已经移动到颌部的适当位置，成为新的功能牙齿。虽然大象时常需要处理那些坚硬的植物，但通过一次只用每边一到两颗增长的牙齿，使得齿系的整体寿命大大延长。借助它那极其全能的鼻子和象牙（一对增大的上门齿），大象的饮食包括它可能连根拔起或推倒的小树的树皮和细枝，以及多刺的金合欢

什么是哺乳动物？

树枝、草、柔软的树叶和各种应季的水果。这样包罗万象的饮食加上庞大的体形，使得大象能够在特别广泛的生境中生存，包括卡拉哈里沙漠和纳米布沙漠等地区，那里的食物有时既稀缺、质量又差。不过，在南亚和中非郁郁葱葱的热带雨林地区，大象则生活得逍遥而自在。

小型食草哺乳动物通常生活在洞穴之中，通过在较小的活动范围内觅食来尽可能地保护自己的安全，并通过一些难以察觉的方式来躲避捕食者。大型食草哺乳动物则需要一个很大的活动范围，有些动物，如非洲牛羚和北美洲驯鹿，每年都会追随季节性的植被变化进行一场大规模的迁徙。它们无法把自己隐藏起来不让捕食者发现，取而代之的是，必须依靠快速有效的移动来躲避捕食者。这种移动有多好用取决于三个因素：每步的长度、每分钟的步数，以及将肢体肌肉的收缩转化为移动动能的效率。

有蹄类进化出许多方法来提高以上这些因素。它们通过简单地伸长四肢就可以增加步幅的长度。步幅的增加还可以通过将肢体的肌肉附着于更靠近肢体顶端的部位来实现，这样当肌肉收缩时，就会使肢体摆动一个更大的弧度。更快

第六章 食草哺乳动物

的跨步速度则是通过改变四肢大部分重量的位置来实现的，例如，将大重量的肌肉和它所附着的骨头也转移到靠近肢体顶端的部位。这就好比于把附在钟摆上的重物向上移动，以使钟摆摆动得更快，学术上称为减小惯性矩。这也是为什么四肢较低且较轻的部分长度增加最多的原因，特别是为什么它们的脚部尤其长，而且保持着垂直，约占四肢总长度的三分之一，如图26（a）所示。因此，有蹄类其实用它们的脚趾尖行走，这被称作蹄行性。它们通过减少脚趾的数量来减轻脚的重量。奇蹄类被称作"拥有单数脚趾的有蹄类"，因为犀牛和貘有三个脚趾，其中，第三个脚趾最大，而马的脚上仅留下了第三个脚趾。偶蹄类则是"拥有双数脚趾的有蹄类"，因为它们的第三和第四个脚趾是同样大小的，在大多数物种中只有它们是两个脚趾，形成典型的偶蹄。

由于每次脚部着地时，一部分撞击的能量没有浪费掉，而是用来拉伸关节间的弹性韧带，如图26（b）所示，因此有蹄类奔跑时的机械效率得以提高。这些韧带随后产生收缩，增加下一个跨步的力量，就如同一个弹跳的橡胶球在撞击地面时以弹性形变的形式储存能量，然后在反弹时再把能量释放出来一样。在所有大型哺乳动物中还有另一种提高

什么是哺乳动物?

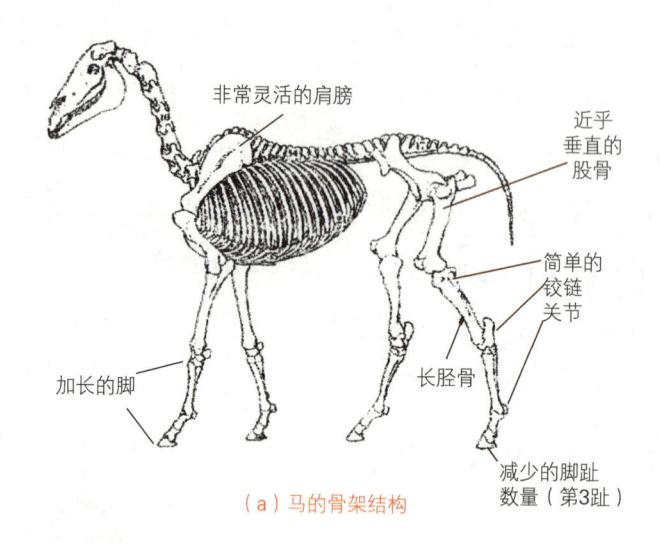

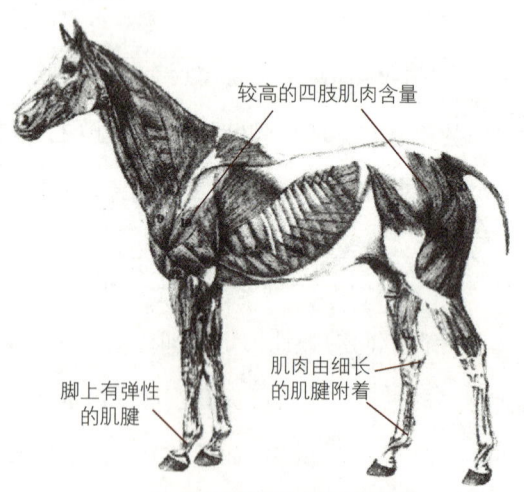

（a）马的骨架结构

- 非常灵活的肩膀
- 近乎垂直的股骨
- 简单的铰链关节
- 长胫骨
- 减少的脚趾数量（第3趾）
- 加长的脚

（b）马的四肢肌肉组织和肌腱

- 较高的四肢肌肉含量
- 肌肉由细长的肌腱附着
- 脚上有弹性的肌腱

图26 马的快速奔跑的适应性

运动效率的方法,即针对不同速度需要的几种不同的步态,如走路、小跑和疾驰。人类也掌握这种方法,但它在有蹄类当中较为广泛。从一种步态调整到另一种步态类似于汽车换挡。肌肉在一个特定的收缩速率下工作效率最高,而调整步态使腿部肌肉在奔跑速度变化时尽可能地接近这个收缩速率。

大象的四肢被称为"重力行",代替了有蹄类那细长的蹄行的四肢。这是因为动物的体重与身体的体积有关,而四肢的力量则与其横截面的面积有关。从这个简单的机械原理不难看出,一种动物在体形不断增大的同时,其四肢也必须进化得相对粗壮。当非洲象的体重达到3~7吨时,它的四肢不得不变得非常粗壮,而且要完全垂直于地面以支撑住身体,它的脚也必须短和结实,从而与地面有一个更宽的接触。

有袋类食草动物:袋鼠、袋熊和考拉

澳大利亚的草食性有袋类动物被归为双门齿类(双门齿亚目,Diprotodonta),包括袋熊、袋鼠和考拉,再加上一些体形更小的物种。它们之所以被如此命名,是因为它们的

什么是哺乳动物？

下门齿缩短为一对向前的长牙，通常与三对垂直的上门齿相对。体重达100千克的红袋鼠是现存最大的双门齿类动物，在进食坚韧的草类和高纤维植物食料方面的适应性与有蹄类胎盘动物极为接近。下门齿分别作用于口腔上颌的角质垫和上门齿，形成了一种裁剪机制。门齿后面是门齿与颊齿之间的牙间隙，颊齿很大，有一个方形的齿冠，上有釉质脊，像有蹄类的高冠齿一样不断生长。此外，在某种程度上双门齿类的牙齿可以让我们联想到大象，它们的颊齿在颌部逐渐向前移动。当前面的门齿被磨损后就会被丢弃掉，后面的新门齿即可补位。袋鼠的胃是一个大大的多室的发酵腔，它像反刍动物一样，也可以倒嚼食物，在食物进入肠道之前把它们二次嚼碎。

袋鼠的移动速度加快了，但方式与有蹄类大相径庭。它们只有后腿拉长了，通过两条后腿一起快速伸展完成跳跃。弹性韧带和肌腱在后腿触地时储存了每次跨步中高达50%的动能，然后将这些动能补充到下一次跨步的运动能量中，可以使袋鼠弹起来。

袋熊是一种体形稍小、长得有些像熊的有袋类动物，体

第六章 食草哺乳动物

重可达40千克。它们主要以草为食，通常是营养价值较低的草类。袋熊用不断生长的颊齿和异常有力的颌部肌肉把这些草细细地咀嚼磨碎。不同寻常的是，它的食物发酵腔与其他食草动物不同，既不是胃，也不是盲肠，而是一段非常大的结肠，属于大肠的一部分。为了弥补食物营养价值较低的缺陷，袋熊的代谢率和活动水平都比较低，大部分时间都待在它们用有力的前肢挖出来的有多个入口的洞穴里面。

考拉同样以富含纤维的食物——桉树叶为生。桉树叶除了营养价值低之外，还含有一些对其他哺乳动物有毒的物质。但神奇的是，考拉能够在肝脏中解毒。当食物被颊齿细细碾碎后，会在一个大的盲肠中完成发酵。如袋熊一样，在考拉对于营养价值较低的饮食的适应当中，一个重要部分是极低的代谢率——不超过相同体形的、更典型的哺乳动物的一半。它们也以极低的日常活动水平而闻名：一只考拉每天要花大约20小时的时间在树上睡觉。

两种奇异的食草动物：大熊猫和海牛

大熊猫是一种胎盘类食草动物，它与袋熊和考拉一样，食用的食物营养价值也特别低。虽然大熊猫是食肉类动物

什么是哺乳动物？

（食肉目，Carnivora）的一员，与熊有关，但它几乎完全依赖竹叶的营养生存，而这恰恰是所有食物中非常坚硬的一种。大熊猫使用著名的"熊猫拇指"帮助自己摄食竹子的嫩枝和叶子。"熊猫拇指"并非看似的第六根手指，而是一根细长的腕骨。它的工作原理与其他部分相反，抓取的方式类似于灵长类动物的拇指。虽然大熊猫是食草动物，但它们有食肉动物典型的裂齿，用来切割竹笋和竹叶，而裂齿后面用于研磨食物的磨牙是宽而平的。和距离它们相对近期的食肉动物祖先一样，大熊猫没有发酵腔，而是像熊一样依靠肠道内的细菌来分解纤维素。不得不说，这的确是一个效率极低的系统，因此，大熊猫必须摄入大量的食物。它们每天要花14小时消耗40千克的竹子，其中只有五分之一被真正消化。而且，由于这些食物通过肠道的速度如此之快，体积又如此之大，这使得大熊猫每天排便多达40次。

出乎意料的专性食草动物是儒艮和海牛。这些海牛类（海牛目，Sirenia）算是蹄兔类和大象的远亲，并且和它们一样，以一个非常大的盲肠作为食物发酵腔。海牛一辈子生活在海洋中，主要以柔软的海草为食。我们将会在第八章中再次见到它们。

第七章
掘穴动物和掘地动物

什么是哺乳动物？

我们在上一章中见到的有蹄类哺乳动物可以说是专为高速奔跑而生的。它们的腿修长纤细，保持着接近垂直的角度，腿上的肌肉紧贴在腿的顶端位置，靠近四肢和肩带或腰带之间的关节，所以当它们收缩时，步幅又长又快。这一章，我们将介绍几种处于另一个极端的哺乳动物——掘穴动物和掘地动物。这些动物的腿短小有力，肌肉紧贴四肢下端，长着大大的脚，并配有强而钝的爪子。当肌肉收缩时，它们相对缓慢但很有力道地移动四肢，对地面施加了一个很大的力。这些动物大多适应了挖洞居住和找寻地下食物，如甲虫的幼虫或者植物的根茎。在它们之中，有少数几种的四肢适应了挖掘蚂蚁和白蚁的巢穴，并且由于这些巢穴异常坚硬，因此它们需要特别强壮有力的肌肉和爪子。

第七章　掘穴动物和掘地动物

掘穴动物——几种鼹鼠和鼹形鼠

许多小型哺乳动物住在地下洞穴之中，在那里它们可以免受捕食者和极端环境温度的伤害。它们当中的一些已经拥有了特异性，即或多或少永久性的穴居生活方式。这里面，我们比较熟悉的是鼹鼠，如常见的欧洲鼹鼠，如图 27 所示。鼹鼠的身体很紧凑，尾巴很短，小小的眼睛只能感知到身体周围的光线。它们没有外耳，听觉主要是通过探测地面传导的声音而不是空气传导的声音。相比之下，它们的触觉非常发达，那灵活自如的长鼻子上长有很多胡须，对接触到的猎物高度敏感。鼹鼠的爪子相对于它的身体尺寸来说可谓是巨大的，并且向侧面伸出，而不是在身体的下面。它们前肢短而结实的骨骼上沿着中轴向下附着有强壮的肌肉，这些肌肉有力地将爪子从向前的位置移动到向后的位置，在这个过程中把土铲倒身后，让尖尖的鼻子沿着不断延长的地道向前移动。它们的后肢较小，在挖洞的时候向两侧挤压，以固定所挖掘的地道。鼹鼠用这种方式建造永久的地道，并以各种进入地道的无脊椎动物为食，尤其是蚯蚓。它们在挖掘或修葺地道时，会不时地把多余的泥土堆起来，形成独特的鼹鼠丘。

什么是哺乳动物？

图27 欧洲鼹鼠

南非的金鼹鼠（Chrysochlorids）进化出了与真正的鼹鼠相似的掘穴适应性，这是趋同进化的一个显著案例。它们也有紧凑的无尾身体，覆盖着浓密的皮毛，四肢短小而有力，长着小眼睛、小耳朵。与鼹鼠不同的是，它们适应了在食物和水常常匮乏的高度干旱地区的生活。为了节省食物，它们的代谢率和体温都很低，大部分时间都会进入一种蛰伏的状态，这时它们的代谢率会降到一个极低的水平，包括心率和呼吸频率都随之降低，陷入一种完全不活跃的状态。这样做的好处是可以进一步减少它们对食物的需求。此外，金鼹鼠的肾脏通过产生高浓度的尿液来有效地保存水分，效率高到它们甚至完全不用喝水也能够生存下来。

澳大利亚的有袋类动物中有一种生活在炎热沙漠中的鼹鼠，如图28所示。尽管这种有袋鼹鼠有几个独有的特征，比

第七章 掘穴动物和掘地动物

如把颈椎骨融合成一块，以加强在沙地里推进时头部与身体的连接，但它在外表上又与其他鼹鼠有明显的相似之处。它有巨大的爪子，除了挖掘之外，还用于捕捉包括地面上的小型爬行动物和地底下的昆虫在内的猎物。

图 28　从洞穴里钻出来的有袋鼹鼠正在吞食一只捕获的蜥蜴

有几种啮齿类动物已经养成了类似鼹鼠的习性，譬如非洲鼹形鼠，可谓恰如其名。其中，裸鼹鼠是较为知名的，特别是就它们的社会行为而言，可以说是所有哺乳动物中非常引人注目的。从身体的形状和缩小的眼睛与耳朵来看，裸鼹鼠相当符合人们对鼹鼠的刻板印象；但除了身上零星分散着的触觉敏感的毛发外,它们近乎完全裸露。同时,它们的挖洞方式也与鼹鼠不同:不用四肢来挖掘地道,取而代之的是用一对突出的门齿。通向种群繁殖室的长而分枝的洞穴是由一连串个体通力合作建造的,前面的裸鼹鼠负责挖掘,身后的其他伙伴负责将挖出来的土向后踢出洞口。它们完全依靠植物生存,主要是靠在挖洞时碰到的植物地下块茎和根。高度组织化的种群由几个不同的、有着严格等级差别的阶层组成,每个阶层都有不同的角色。种群中只有一只雌性是繁殖活跃的,她与少量的具备繁殖能力的雄性相伴,余下的都是无繁殖能力的雄性和雌性个体。它们当中一部分体形较小的个体组成了"劳工阶层",负责维护洞穴、觅食和为种群中其余成员带回食物。另一些体形较大的个体则组成了"士兵阶层",在受到威胁时保卫种群的安全。这种程度的劳动分工被称为真社会性,而在动物界的其他地方,只有蜜蜂和白蚁等群居昆虫才有。

蚂蚁和白蚁捕食者——土豚、穿山甲、食蚁兽

以蚂蚁和白蚁为食是另一种需要非常发达的挖掘能力的生活方式。这些群居的昆虫是一种潜在的极为优质且容易

第七章 掘穴动物和掘地动物

消化的食物，但对于哺乳动物而言，要想闯入热带阳光下烤得像混凝土一样坚硬的白蚁丘，或者是挖出地下隐秘的蚂蚁窝，都需要极其强壮的四肢和爪子，因此这种动物需要足够大。但是，由于蚂蚁和白蚁就个体来说都很小，这样的话，这种足够大的哺乳动物要能吃到它们，就要适应收集很大数量的蚂蚁和白蚁以满足其营养需求。为此，它们长出了一条奇特的舌头：又长又黏，还可以自如伸缩。三个不相关的胎盘类动物种群已经独立进化出了这种具有强有力挖掘能力和自如伸缩的舌头的组合。它们是非洲南部地区的土豚（又称非洲食蚁兽）、亚洲和非洲的穿山甲，以及南美洲的食蚁兽。

土豚，长着长长的像兔子一样的耳朵，是食蚁兽队伍中特异性非常低的物种，如图29所示。它有着短小而强壮的四肢和锋利的大爪子，可以迅速挖进地面或者白蚁丘。它的吻部前突呈管状，内含结构单一的钉状颊齿。舌头是它的主要进食装备，可以从嘴巴里伸出来30厘米，上面沾满了唾液，以便一次收集大量的白蚁，它的饭量很大，一夜可以吃掉足足50 000只白蚁。这些白蚁不经咀嚼，而是被直接吞进胃里，那里有一个特殊的肌肉区域将它们捣碎。土豚是唯一完全在

什么是哺乳动物？

夜间活动的动物，也是以蚂蚁为食的哺乳动物中唯一在白天不觅食时会挖洞来保护自己和养育后代的物种。

图29　非洲土豚

澳大利亚针鼹，如图30所示，被恰当地叫作刺食蚁兽，因为它们也很好地适应了以蚂蚁和白蚁为食，此外，它们也会吃一些其他的无脊椎动物，如蚯蚓。澳大利亚针鼹的颌部极其纤弱，而且无牙。它们利用一条灵活的长舌头来收集昆虫类食物，舌头上面长有带角质的刺毛，它们与上颌相似的刺毛相互作用，从而破碎掉猎物。针鼹擅长挖洞，但方式却大不相同。它坐在地面上，利用短小粗壮的四肢在身体下面挖掘，就好像它坐上了一部下降的电梯，直到只余下那能被看到的、几乎无懈可击的覆盖着如刺猬一样的刺毛的背部。

第七章 掘穴动物和掘地动物

图30 澳大利亚针鼹

穿山甲和南美洲食蚁兽曾一度被认为是近亲,但证据表明,它们共同拥有的解剖学上的相似性是为了吃蚂蚁而独立进化的。这些相似之处包括完全没有牙齿,舌头可以从非常小的嘴巴里伸出长达50厘米。但是,它们会以不同的方式处理食物。食蚁兽在吞下蚂蚁之前,会先用舌头和上颌的垫层把它们碾碎,而反观穿山甲,它几乎没有颌部肌肉,而是利用一些吞下的石头,在胃里的增厚肌肉区域把蚂蚁碾碎。这两种动物的前肢上都有两到三个巨大的爪子,可以用来挖进蚂蚁和白蚁的巢穴,同时,这些爪子也是对抗捕食者的非常有效的防御武器。南美洲的小食蚁兽,如图31所示,它和图32的亚非穿山甲一样都可以借助具有抓握能力的尾巴和爪

什么是哺乳动物？

子，在树上自在地生活。穿山甲尤其如此，它在地面上行走的方式非常笨拙，利用后脚的两侧行走，同时以尾巴保持平衡，这样就可以保持爪子的锋利边刃是干净光洁的。但穿山甲细长的尾巴是一个令人印象深刻的器官，用于把身体悬挂在树枝上面。穿山甲在现存哺乳动物中也是独一无二的，它的角质鳞片紧密重叠，可以包裹住身体除柔软的腹部和四肢内表面以外的部分，起到保护作用。

图31　南美洲的小食蚁兽　　图32　亚非穿山甲

第七章　掘穴动物和掘地动物

虽说袋食蚁兽几乎只以白蚁为食,但没有一种有袋类动物进化成高度特异性的食蚁兽。袋食蚁兽如大型啮齿类动物一般大小,有着正常的身体比例,长着一条长长的毛茸茸的尾巴和一个略微拉长的吻部。它们通过搜寻地下浅层的白蚁群来觅食。当发现猎物时,袋食蚁兽会用中等大小的爪子挖进去,然后用一条窄且可以伸缩的舌头将它们送进嘴里。不过与其他食蚁兽不同的是,袋食蚁兽是用一组完整的结构单一的小牙齿来咀嚼这些猎物的。

第八章

水栖哺乳动物

什么是哺乳动物?

三亿六千万年前,一个令人兴奋的、崭新的进化冒险旅程开始了:一群长有肺部的鱼类开始从水生环境转向陆地生活。随后,大量的适应性一点一点地发展起来,一开始哺乳动物只能够尝试在陆地短时间内的生存,但数百万年后,它们最终进化成了能够永久承受住极端的干燥、温度和自身重力,并在干燥的土地上兴旺起来。空气已经成为它们的氧气来源和感觉信息的载体,水也不再被用来将精子转移到卵细胞。哺乳动物此时走路使用的是壮实的腿,取代了游泳用的鳍和尾巴,内温性保护它们不受日常和季节变化带来的温差的影响。乍看起来,哺乳动物为了在陆地上生活,可谓做出了多种多样的改变,但如此多的哺乳动物后来部分或完全回到水中生活,也着实令人费解。不过细想起来,我们大可不必惊讶。我们一直强调,哺乳动物的成功归功于它们对适应环境的相对独立性,以及它们极度的行为适应性。实际上,

第八章　水栖哺乳动物

它们把这两种特性带到水中是有利的，可以将水作为另一个它们可以适应的新环境。哺乳动物并没有进化回到像鱼一样的生物，而是发展出了利用水生环境的新方法。它们始终都是精力充沛的、温血的、可以呼吸空气的、大脑很大的胎生动物——跟鱼截然不同。

几乎所有的哺乳动物都能游泳，至少完全可以渡水，尽管如此，坊间关于骆驼、犀牛和大猩猩在游泳这件事情上却是持相反的说法。唯一可能的例外是长颈鹿，因为它的身形阻止了它在水中保持一个稳定的平视的朝向。人类和猿类则是不得不主动学习这项技能。不同哺乳动物对水生生活的特异性适应程度各不相同，从仅仅改变行为，如日本猕猴每天都坐在温泉里，到不同程度的水陆两栖性，再到永久生活在海洋中的鲸和海豚，以及儒艮和海牛，它们终其一生都无法走上岸了。

河湖哺乳动物

生活在淡水中的哺乳动物已经进化出了不同程度的水生适应性。改变最少的是某些啮齿类动物，如欧洲水䶄，它除了头部略平、皮毛较厚，以及后脚脚趾之间有少量的蹼

什么是哺乳动物？

外，几乎对水生生活没有特异性的适应性。它们在河边或湖畔挖的洞穴中生活和养育后代，在那里它们沿着水边游动和觅食。

河狸当属有趣的半水生啮齿动物，号称动物界的"打工人"，因为它们独特的筑坝行为与我们自己通过改变物理环境以适应社会需求的倾向有着鲜明的对比。河狸同我们的另一个相似之处是家庭结构。它们生活在一个小的种群中，由终身一夫一妻制的配偶、新出生的幼崽，以及上一年的幼崽共同组成。后代会在家庭里生活两年，参与到筑坝活动中，之后它们便会离开去寻找配偶并组建自己的家庭。河狸在身体特征上比水鼩更适应水生生活：它们有着鱼雷状的身体，短短的前腿，全蹼的后脚和扁平的尾巴，这样的身体构造很适合游泳。此外，它们的眼睛被一层透明的膜保护着，在水下咀嚼时，也可以闭上耳朵、鼻孔和喉咙。河狸的绒毛非常浓密和丰富，具有防水和保温的双重功能。河狸是严格的素食者，除了春季和夏季吃多汁的植物幼苗外，它们会在冬季把树皮和木头储存于冰下，靠这些东西度过漫漫长冬。它们是天生的"水利工程师"，承担了大自然的许多建设工作，包括挖掘河道连接附近的水体，以及筑造水坝来维持它们生

第八章 水栖哺乳动物

活区域的水位。河狸实际的居住空间是一个由树枝、原木和更精细的植被搭建的小窝,位于水面之上,可以通过一条与溪流或湖泊直接相连的水下通道安全地进入。

非洲的河马和南美洲的大型啮齿类动物水豚,如图33(a)所示,也是半水生哺乳动物,但它们是利用淡水环境保护自己免受捕食者的侵害,并在白天保持身体的凉爽。它们都是严格的食草动物,在陆地上觅食。这些哺乳动物有细长的蹼足,用于游泳,但它们在这方面的能力很是有限,因此,在水里的时候,它们只是喜欢坐在水底而已。河马和水豚的鼻孔、眼睛和耳朵都长在头的高处,所以即使是在几乎完全浸没于水中的情况下,它们仍然可以使用这些器官。这两种动物中,河马更喜欢水,从不在离水2~3千米以外的地方觅食。它们通常在夜间进食,白天的大部分时间都泡在水中保持凉爽和睡觉休息。同时,它们与通常是规模较大却又松散的种群中的其他成员进行交流,场面甚是喧闹。它们失去了毛发,但拥有特别厚实和坚韧的皮肤以保护身体;然而,与鲸不同的是,河马没有一层用于保温的脂肪。河马与鲸的相似之处在于,河马妈妈会在水下分娩并哺育幼崽。水豚不似河马那般依赖水。它们的身体上覆盖着浓密而粗糙的

什么是哺乳动物？

毛发，其行踪也经常是在茂密的草地和森林中被发现。水豚通常是在水中交配，但它们的孩子总是在陆地上出生。

水獭在外观上比我们目前所见到过的任何哺乳动物都更加适应半水生生活。它们是食肉动物，与白鼬、黄鼬和艾鼬属同一科动物，并与这些家伙一样，拥有细长的身体。这样的身形有助于陆地上的物种在洞穴和密闭空间中的捕猎活动，但对于水獭来说，这种细长的身体让它们在水中用蹼状的后腿推进自己移动时更加流畅。水獭的尾巴又短又粗，用来控制转向而不是向前推进。水獭是小到中型哺乳动物，即使是最大的南美洲大水獭，其身长也只有1米多。这样的身长，再加上细长的身形，使得水獭在水中容易受到过度热量流失的影响。好在它们可以通过体表覆盖的一层浓密毛发来尽可能地抵消这个问题，而且毛发中有长长的体毛所包裹的隔热的空气层。尽管如此，它们也必须依赖很高的代谢率来产生足够的热量，这反过来又要求它们消耗大量的食物。因此，水獭每天要花好几小时寻找食物。对于大多数水獭来说，它们主要的食物是鱼类，尤其是那些行动迟缓的底栖鱼类，如鳗鱼。水獭先用鼻子上的触须来发现这些鱼，然后再用牙齿去捕捉。它们也可以借助非常敏感的前肢来捕捉螃蟹

第八章 水栖哺乳动物

和其他无脊椎动物。

亚洲小爪水獭，是世界上最小的水獭物种，它们用手指抓取食物的方式与人类使用拇指和其他手指的方式相似。北大西洋海岸的海獭有着水獭家族中非凡的捕食策略，它是除灵长类动物以外，少数会使用工具的哺乳动物之一。它可以用爪子夹住一块石头，在必要的时候击打双壳类软体动物，比如海底的鲍鱼。一旦软体动物脱壳，海獭就会带着它游到水面上，同时还会带着一块合适的扁平石头。接下来，它会仰面漂浮在水面上，把石头放在胸前，用爪子抓住所捕获的软体动物，把它撞到石头上，直到把壳打碎。

在我们开始讲述海洋哺乳动物跟它们对水生生活更为极致的适应之前，我们应该了解一下稀奇古怪的淡水哺乳动物——鸭嘴兽，如图33（b）所示。鸭嘴兽是古老的单孔目动物谱系的一员，它用于游泳的短小有力的四肢可能是由穴居祖先进化而来的，类似于它的针鼹"亲戚"。它的前脚很大，长有完整的脚蹼，用于提供游动的推进力，后脚较小，长有部分脚蹼，用于控制转向。它的身上覆盖着一层极为浓密的隔热的短毛。觅食中的鸭嘴兽每次潜入湖底或河底两到

什么是哺乳动物？

(a) 水豚

(b) 鸭嘴兽

图 33　淡水哺乳动物

三分钟，然后就需要回到水面喘口气。尽管鸭嘴兽的吻部呈喙状，但它其实一点也不像鸟的喙，而是柔软的，带有非常敏感的触觉器官。这样的吻部在哺乳动物中更是独一无二的，它可以探测到猎物的电脉冲，且仅用于在水下导航和寻找食物。鸭嘴兽一旦探测到猎物，就会把它们（包括蠕虫和蜗牛等）吃进嘴里，含在颊囊中，然后用口中的角质脊捣碎吃掉。鸭嘴兽另一个神奇的特征是，它们之中雄性的后脚上有一根中空的毒刺，与毒腺相连，能够杀死如狗一般大小的敌人。

鸭嘴兽可以在河岸上挖出长达30米的地道，雌性鸭嘴兽在其中的一处地道里产下两枚卵，它们很快就会孵化出幼崽。随后，雌性鸭嘴兽就用无乳头的乳腺产生的乳汁哺育它们两到三个月，直到它们断奶。

海洋哺乳动物——鳍脚类、鲸类、海牛类

我们现在把目光转向哺乳动物水生生活极致的适应，即三个海洋种群（其中少数已经涌入河流系统，如亚马逊海牛和恒河海豚）。鳍脚类（Pinnipeds）有海狮、海豹和海象，都是食肉目的成员；鲸类（鲸目，Cetacea）有鲸、海豚和鼠

什么是哺乳动物？

海豚；海牛类（海牛目，Sirenians）则包括儒艮和海牛。这些动物的体形都比较大，而且其中大多数或多或少无毛的成员都有着流线形的身体，以适应游泳的需求。这三种哺乳动物中，只有鳍脚类能在陆地上移动。

海洋哺乳动物除了在解剖结构上适应了游泳与进食之外，还适应了浸泡于冷水中时潜在的高热量损耗。庞大的体形会减少它们的相对表面积，从而降低热量散失的速度。这一关系解释了为什么体形较小的鲸类——海豚——相比于其他鲸类，往往更倾向于在温暖的水域生活。在海洋中，由于动物的下潜和周围水压的增加，毛发覆盖层的空气层厚度会降低，使得其保温作用不如在陆地上有效。海狗身上覆盖着一层厚厚的致密绒毛，但即便如此，它们的皮肤下还是会有一层薄薄的脂肪层来增强保温作用。其他海豹已经用脂肪层取代了除一层薄薄的长毛之外的所有毛发，而其他两个永久的海洋种群当中，除了海牛吻部的感觉鬃毛外，已经完全不见了毛发。最大的鲸脂厚度可达50厘米。此外，鲸类的血管给鲸脂和鳍肢供血的方式也节省了热量：将血液输送到体表的动脉被返回血液的静脉所包围。这就产生了所谓的逆流交换系统，在这个系统中，大量的热量从温暖的流出血液中直

第八章 水栖哺乳动物

接传递到较冷的回流血液中，然后才到达体表损失掉。在活动期间，或在温暖的水中，动物可能需要提高热量散失的速度，这可以通过有意增加流向靠近体表血管的温血流量来实现。当海狗在陆地上快速移动时，过热的风险尤其严重。有一种古老的观点认为，海狗在冰面上被猎人追捕时，往往会因为恐惧而死于心脏病突发。但事实上，它们是死于过热，因为它们的身体无法迅速散去被追捕过程中肌肉产生的额外热量。

潜水哺乳动物所受到的压力随着下潜深度的增加而增大，它们肺部携带的空气中的氮气开始溶解进血液。当它们回到水面时，氮气会从血液中释放出来，形成小气泡。这些小气泡一旦堵塞细血管可能会导致致命的减压病，这意味着它们不能简单地通过提高肺活量来携带更多空气，进而延长潜水的时间。事实上，鲸类在下潜之前会尽可能多地从肺中呼出空气，余下的空气会进入气管，在那里空气无法被血液吸收。一头刚浮出水面的鲸在吸一口新鲜空气之前，要先把这些残余的浊气从鼻孔排出，这是它特有的呼吸方式。不过，因为海洋哺乳动物已经把携带大量氧气的能力与氧携带分子，即血液中的血红蛋白和肌肉中的肌红蛋白，通过化学方法结合起来，这大幅增加了它们潜水的持续时间。血红蛋白和肌红蛋白在海洋哺乳动物体内的浓度都远远高过陆地哺乳动物，其中血红蛋白的浓度大约是2倍的差距，而肌红蛋白的浓度差距更是高达9倍。此外，它们可以通过降低心率（一种被称为心动过缓的现象）和降低流向除必要器官（尤其是大脑和心脏）之外的身体大部分的血量的方法，来发挥所携带的氧气的更大作用。通过这些手段，再加上能够承受比其他哺乳动物组织更高的乳酸累积，大型海豹一次潜水可以持续半小时，小型鲸类可以持续一小时，而最大的鲸则可以持续两小时。

鳍脚类是三种海洋哺乳动物中最不适应水生生活的，因为它们仍然可以在陆地上移动，会用上四条鳍肢的帮助。在海狮等有耳海豹中，如图34（a）所示，前鳍肢被用作游泳的桨，而后鳍肢却是被动地拖在后面。然而，当它们浮上岩石或海岸时，后鳍肢则向前弯曲，借助四条鳍肢笨拙地、摇摇摆摆地走路。它们身体的后半部分保持在地面上，而前鳍肢就如同一对拐杖一样撑起身体前面的部分。虽然表面上这样的移动方式看起来效率很低，但海狮可以比人类更快的速度行进很长一段距离。无耳海豹，如图34（b）所示，则是完全

第八章 水栖哺乳动物

不同的。它们无法将后鳍肢向前弯曲，对它们而言，后鳍肢才是用来游泳的，前鳍肢则不是。真海豹在水中保持两个巨大的蹼足足底相对，然后利用脊柱中灵活的腰椎区域，像鱼尾一样从一边移动到另一边。前鳍肢用于控制转向，特别是在追逐猎物的时候保持机动性。它们从海里出来到露头的岩石或浮冰之上寻求庇护，并繁衍和哺育幼崽。不过，无耳海豹在陆地上只能通过一种非常低效的拍打整个身体的方式前进，可谓跌跌撞撞，步履艰难。海象是第三种鳍脚类动物。一方面，在陆地上，尽管它的身躯庞大，却仍然可以像有耳海豹一样用四条鳍肢来移动，不过行进缓慢而笨重。另一方面，海象游泳的方式更像无耳海豹，利用后鳍肢游泳，行动非常敏捷。

大多数鳍脚类以鱼为食，但它们也从不拒绝捕食无脊椎动物，比如龙虾。如果有机会的话，它们还会捕食企鹅，甚至是其他海豹的幼崽。有些鳍脚类则倾向于专门吃一种特殊的食物。例如，锯齿海豹，又称食蟹海豹，但与它的名字相反，它的食物主要是浮游甲壳类动物——磷虾，通过牙齿过滤水来摄取。锯齿海豹的每颗颊齿从一边到另一边都很窄，有着长长的齿尖，上、下颊齿相互交错，形成网状的结构。

什么是哺乳动物？

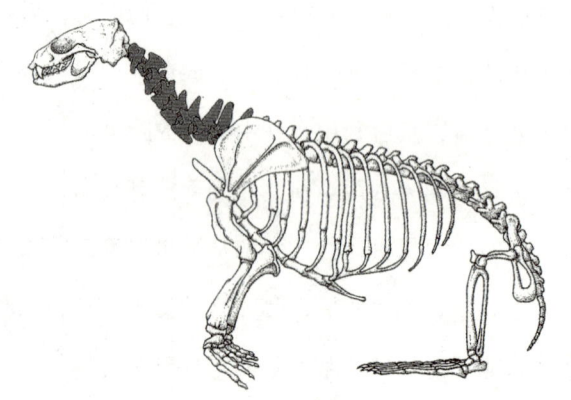

（a）有耳海豹骨架，后鳍肢在陆地上向前弯曲，位于前部的脊椎是前鳍肢推动力

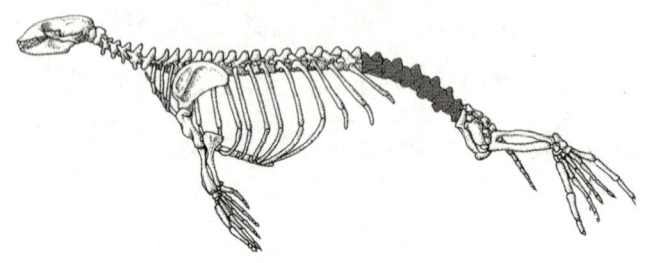

（b）无耳海豹骨架，后鳍肢永久性地朝后，腰椎是后鳍肢推动力

图 34　鳍脚类哺乳动物

海水可以通过这个网孔，但会把磷虾截留在嘴里。掠食性豹形海豹的主要食物包括其他种类的海豹、企鹅和海鸟，它们借助巨大的犬齿来捕捉这些食物。许多鳍脚类也会吃软体动物，其中，海象可以称得上是专业"消费者"，特别是双壳

第八章　水栖哺乳动物

类动物，如贻贝和蛤蜊。它们可以通过吻部那些长而敏感的触须来探测这些动物。虽然人们普遍认为海象并不用它们那两根长长的獠牙来收集软体动物，但更确切地说，它们其实用坚硬的角质皮肤把这些软体动物从海底取出来或挖出来，这些角质皮肤沿着上嘴唇形成了"胡子"，如图35所示。海象还可以从嘴里喷射出一股强有力的水柱来挖掘出更深处的食物。它们的獠牙主要用于社交展示，但也可以当作武器，或者用来帮助它们在冰上移动，就像使用冰锥一样。

图35　海象的脸，长有敏感的触须和肌肉发达的"胡子"

什么是哺乳动物？

我们大多数人都不太熟悉海牛类，或许是因为它们只存在于热带地区的沿海浅水水域和河流中。海牛类是严格的食草哺乳动物，现存共有四个物种，包括南太平洋的儒艮和海牛属的三种动物，分别是西印度海牛、西非海牛和南美洲的淡水亚马逊海牛。第五种是大海牛，又名巨儒艮或者斯特拉海牛，比其他四种海牛类要大得多，身长可达7.5米，体重达惊人的10吨。它一直生活在北太平洋，直到18世纪中期灭绝于猎人之手，而它们的灭绝只是因为猎人发现大海牛是一种易得的食物来源。像鲸类一样，海牛类中的儒艮，如图36（a）所示，也没有后肢，前肢退化成用于操纵身体的短鳍肢。它们通过轻轻上下摆动水平尾鳍的方式来游泳。

海牛类生活在热带水域，拥有相对较大而紧凑的身体，皮下还有一层脂肪，这意味着热量损失对它们来说不构成问题。它们的代谢率可以很低，以节省食物。此外，由于生活在浅水水域中，海牛类在很大程度上不会遇到捕食者，大部分时间它们都在所觅食的大片海草周围漂流着。它们的主要感官是触觉，使用鼻口部和面部周围非常敏感的触须。它们的眼睛很小，被皮肤的褶皱保护着，而它们的听觉远不如鲸

第八章　水栖哺乳动物

类那样发达。海牛类个体之间会通过声音进行一些交流，但仅限于对种群简单的警告信号和母亲对后代的呼唤而已。

海牛类的上唇位于短而结实的头部前端，肌肉发达且移动自如，用于收集食物，通常是挖出海草营养丰富的根茎。海牛没有门齿，但颊齿很大，有复杂的尖端样式。令人吃惊的是，与海牛相似的儒艮只长有两三个普通的圆柱状颊齿，它用坚韧的角质垫代替牙齿进行咀嚼。海牛类的肠道非常长，包括一个大的盲肠发酵腔，其中含有消化其特有植物饮食中的纤维素所必需的微生物。

海牛类的繁殖率非常低，这是它们受保护、无压力生活方式的另一种表现形式。雌性海牛要经过多年才会达到性成熟，在那之后，它们每两年才会产下一头小海牛。

世界范围内约有85种鲸类，远远多于海牛类，因为鲸和海豚既能生活在深水水域，也能生活在浅水水域；既能生活在寒冷的地区，也能生活在热带地区。一些鲸类生活在淡水河中，例如，恒河豚、印度河豚和亚马逊河豚，还有中国特有的白鱀豚（2006年被宣告功能性灭绝）。所有的鲸类都是

什么是哺乳动物?

食肉动物,它们的食物范围从齿鲸所捕食的鱼、海豹、海鸟和枪乌贼,到须鲸所捕食的数量惊人的磷虾,如图36(b)所示。

(a)以海草为食的儒艮

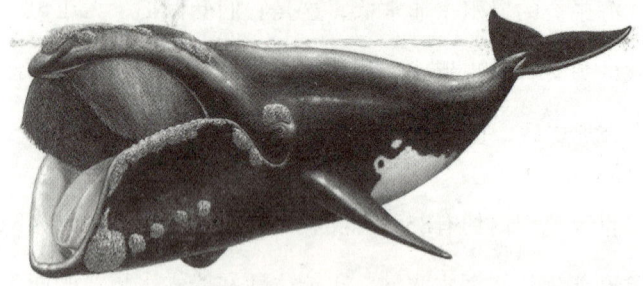

(b)张开嘴巴的须鲸,摄食浮游生物

图 36 海洋哺乳动物

第八章 水栖哺乳动物

鲸类可以说是完美地适应了游泳。它的身体呈鱼雷状，从前面开始有一个窄长的颅骨，皮肤下面有一层厚厚的脂肪。两个鼻孔合二为一，在头顶形成一个气孔。虽然与生殖器官有关的小盆骨确实位于体壁之内，但鲸类没有后腿外露的迹象。它们的前腿已经进化成小巧而光滑的"桨"，用于操纵转向，通过脊柱肌肉带动水平尾鳍的上下拍打向前推进。决定它们能够在水中畅游的另一个特征是皮肤充满弹性，这有助于保持水在体表平稳地流动，从而减少水对运动的阻力。据记载，虎鲸（别名逆戟鲸）的速度可达30节（1节=1.852千米/小时）；大型鲸类的运动效率更是允许它们迁徙数千千米的距离。这种效率也使得它们能够潜入非常深的水下，例如，在海面以下2 000米的地方都有过抹香鲸的记录。

鲸类的大脑相对于它们的体形来说非常大，例如，海豚的大脑尺寸仅次于人类，而且其大脑皮层的褶皱程度与高等灵长类动物一样高。鲸类了解世界的主要信息来源于听觉，尤其是回声定位，因为不管是视觉还是嗅觉，在海里的用处都非常有限。它们巨大的大脑与高等级的社交活动有关，仅次于高等灵长类动物。鲸类个体之间通过声音交流，有多种多样的口哨声和滴答声来识别彼此，并组织合作行动，如狩

什么是哺乳动物？

猎和迁徙。它们的捕猎协作程度非常高，譬如虎鲸，它们表现得像狼群一样团结一致。一群海豚可以围捕鱼群，并在鱼群周围和下方形成更加紧密的合围之势，将鱼群推向水面，然后冲过聚集起来的鱼群，抓住猎物并大快朵颐。瓶鼻海豚还具备另一项技术：它们会沿着一条协调一致的线游泳，这样就可以形成一个联合的弓形波，借助弓形波的作用把鱼赶到邻近的泥泞岸边。随后，瓶鼻海豚便借助自身的冲力，跟鱼一同上岸，在岸上它们就可以很轻松地把鱼抓住，然后再扭动着身体回到水中。诸如此类的觅食活动只在海豚个体之间的精心组织和互动下才能进行，并且它们要同时对周围环境的细节有着敏锐的意识。

齿鲸亚目（Odontocetes）是指长有牙齿的鲸类，顾名思义，它们仍然保有齿系。大多数齿系由一排结构简单的尖牙组成，每颗尖牙只有一个牙根，适合刺穿鱼类。同时，由于鱼类比较容易吞咽和消化，齿鲸在进食的时候并不需要咀嚼它们。齿鲸的牙齿数量各不相同，从长吻原海豚（又名飞旋原海豚，以深海鱼类为食）的上、下颌各60颗小牙齿，到虎鲸（可以捕食海豹和小海豚等大型猎物）仅有的十几颗要大得多的牙齿。独角鲸有着奇异的齿系，它们当中的雄性拥有

第八章 水栖哺乳动物

一颗从左上颌突出唇外的犬齿，呈螺旋状，有身体的一半长（可达2～3米）。它被用作武器，也作为第二性征来吸引大多数无长牙的雌性。

齿鲸通过回声定位来探测猎物。一股气流经过气孔附近一个叫作声唇的结构，产生超声波。这些超声波聚焦于额隆体，它是前额上的一个脂肪体，用作声透镜，所产生的声音以类似于光的窄束射出，就如同手电筒发出的光束一般。任何被反射回来的声波，例如从鱼身上反射回来的声波，都会被下颌一个充满油的通道所接收，然后被耳朵探测到。这套系统的灵敏度和定位能力简直高得惊人，甚至可以感知到距离自己几千米以外的目标。

大约一半的齿鲸都属于海豚科（Delphinidae），即海豚，它们的体形从1米多的西非海氏矮海豚到7米长的虎鲸不等。抹香鲸是目前为止最大的齿鲸，其中，有记载的雄性抹香鲸的长度达到18米，体重超过57吨。值得注意的是，它们那巨大的桶状的头部里面充满了蜡状的油，即所谓的鲸蜡，这种物质曾被捕鲸者竞相追求。我们不是很确定这种油的功能，它或许在抹香鲸进食的深层海域的回声定位过程中发挥

什么是哺乳动物?

作用。抹香鲸的下颌细长,长有一排锋利的、向后弯曲的牙齿,但是上颌却没有牙齿。它们的主要食物是枪乌贼,包括生活在深海的巨型乌贼(大王乌贼)。为了吃到巨型乌贼,抹香鲸会垂直下潜到海面下1 000米或是更深的地方,在那里它可以持续进食一个多小时。

无论过去还是现在,说到鲸类,甚至是整个动物界中的巨人,非须鲸(须鲸亚目,Mysticeti)莫属。即使是最小的侏露脊鲸,也有足足5米长,3.5吨重,而大多数须鲸都要大得多。雌性蓝鲸是所有须鲸中最大的:根据记录资料,有一具蓝鲸的标本重达199吨,另一具的体长则达33.58米。与陆地哺乳动物相比,它们之所以拥有如此巨大的体重,一方面是因为有水的支撑,另一方面得益于无限丰富的浮游食物。须鲸的"鲸须",像片状物一样从上颌垂下,代替了牙齿。其实,鲸须并非骨头,而是毛发角蛋白,每一片都长有流苏一样的细绒毛,沿着底部边缘形成一个巨大的过滤器,从海水中过滤浮游生物。一些种类的须鲸,譬如蓝鲸,拥有高度膨大的咽喉,从外部看有大量的纵向褶皱。它们张大嘴巴吸进大量的海水,然后抬起巨大的舌头将海水从鲸须之间挤出。构成浮游生物绝大部分的磷虾和所有的小鱼都被困在鲸须

第八章　水栖哺乳动物

上,随后被舌头舔掉。须鲸还掌握另一种技术,如露脊鲸所使用的,就是简单地张着嘴在水面附近游动,这样海水就会被动地挤过鲸须板之间,被困住的磷虾就会被舌头舔掉,进而被吞下肚去。

鲸类体形适应性的重要之处在于相对于它们的体积而言,其表面积较小,使得它们在寒冷的水域中冷却得更慢,并且进一步得益于大型鲸类那可以覆盖自己身体的巨大而厚重的脂肪层。此外,体形越大的鲸类,肌肉中肌红蛋白储存的氧气量就越多,从而增加了它们每次下潜的深度。

与其庞大的体形相称,须鲸可以在广阔的海域范围内自由驰骋。它们每年会进行长达3 000～4 000千米的迁徙,在低纬度温暖的水域里过冬,但那里的食物不那么丰富。因此,当夏天来临的时候,它们便会迁徙到食物丰富的极地水域觅食,在那里度过美好的一夏。对于这些巨鲸的研究绝非易事,目前我们仍不确定是否有须鲸会使用回声定位。当然,没有什么比齿鲸类系统更复杂的了,但反射声波可能会帮助此类巨鲸感知诸如水深和海岸轮廓之类的大尺度特征。不过,它们个体之间的声音通信却高度发达,可以在数百千

什么是哺乳动物？

米以外沟通和交流。雄性鲸类的求偶行为以座头鲸最为著名，它们能够"演唱"一些可以被雌性鲸类单独识别和回应的歌曲，而迁徙中的鲸类可能是用发声来保持它们种群统一步调的。

第九章
飞行哺乳动物

09

什么是哺乳动物?

哺乳动物学会飞行后,便开启了一系列全新的习性和生存方式。飞行动物可以寻找新的食物来源,比如树顶的水果和种子,以及空中的昆虫。它可以躲避地面上的捕食者,并在它们触及不到的地方安全地抚养幼崽。但是,飞行是要求极高的移动形式,因为它要比行走或者游动消耗更多的体能。像飞机一样,飞行动物的翅膀必须又长又窄才能够产生足够大的升力,但与飞机不同的是,翅膀还必须同时起到螺旋桨的作用。为了做到这一点,它们需要强壮的肌肉快速地上下拍打翅膀,消耗大量的代谢能量。我们不必惊讶于哺乳动物仅仅进化出唯一能够真正飞行的兽类:翼手目(Chiroptera)。虽然蝙蝠的种类远不及鸟类的1万余种,但它们仍然有近1 200种,占所有哺乳动物的五分之一以上,而且,它们分布在世界的各个地方,有时以数量庞大的群体出现。

第九章　飞行哺乳动物

滑翔哺乳动物

还有其他的一些可以在空中飞行的哺乳动物，不过它们是借助四肢之间延伸出的滑翔膜被动地滑翔，而不是主动地拍打翅膀。它们是树栖动物，可以直接从一棵树上滑翔到另一棵树上，在这个过程中，高度几乎没有降低，或者从树顶快速下降到地面而不会受伤。

东南亚热带雨林中的鼯猴经常被错误地描述为飞狐猴。事实上，飞狐猴（鼯猴）既不会飞，也不是狐猴。鼯猴只有两种，即马来亚鼯猴和菲律宾鼯猴，它们共同组成了一个非常小的动物目：皮翼目（Dermoptera）。包括尾巴在内，鼯猴的长度只有半米多一点，相对于身体的大小，它们的滑翔膜是所有滑翔哺乳动物中最大的：当滑翔膜充分伸展开时，它从颈部一直延伸到四肢的末端和尾巴的末梢，如图37（a）所示。它们的眼睛向前，为准确判断距离提供了立体的视觉。鼯猴能很好地控制身体滑翔出至少70米的距离，并能很好地找到新的食物来源，包括树叶、芽体、花朵、水果，甚至是树的汁液。它很少落到地面上，不过当它在地面上的

什么是哺乳动物？

时候，它的移动就变得非常笨拙，需要尽可能快地爬回较近的树上。白天休息的时候，鼯猴会把滑翔膜围绕身体折叠起来，用锋利的爪子悬挂在树枝下或者是躺在树洞中。滑翔膜还形成了一个保护袋，以保护出生时还极不成熟的单个幼崽，如图37（b）所示，这样的方式会让人不禁想到有袋类动物。

澳大利亚有袋类动物中，有些蜜袋鼯会在高高的树冠层中滑翔穿梭。它们的滑翔膜在前肢和后肢之间，不包括仅用于转向的尾巴，如图37（c）所示。它们的滑翔表演着实令人拍案称绝。例如，有人亲眼见到过蜜袋鼯从一棵高高的桉树顶滑行了100多米，还能稳稳地降落到另一棵树的树干上。还有一种会滑翔的哺乳动物是啮齿动物，即会飞的松鼠，有40余种。它们与有袋类滑翔动物相似，滑翔膜伸展于四肢之间，不包括尾巴。作为松鼠，它们有着长长的、毛茸茸的尾巴，用来精确控制滑翔的角度和方向。

第九章 飞行哺乳动物

(a) 滑行中的鼯猴

(b) 休憩中的鼯猴用滑翔膜保护幼崽　(c) 有袋类滑行动物——蜜袋鼯

图 37　滑翔哺乳动物

什么是哺乳动物？

蝙蝠

滑翔哺乳动物进化后可以在树顶周围更大的范围内活动，包括寻找食物、躲避诸如猛禽类的捕食者。虽然蝙蝠与任何现存的滑翔动物没有密切的关系，但我们仍然相信它们是由某种具备滑翔能力的祖先进化而来的。蝙蝠的翅膀，如图38所示，是由一层皮肤膜组成的，它伸展在肩膀、前肢和后肢之间，对于大部分蝙蝠来说，也包括尾巴。这层皮肤膜与简单的滑翔膜相比，可谓大不相同。因为蝙蝠的前肢相当长，第二指到第五指被极大地拉长，用以延伸并支撑皮肤膜的外层部分，使其成为合适的机翼形状。蝙蝠能够主动地上、下拍打翅膀，以产生与鸟类翅膀一样有效的升力，各指的轻微调整可以控制翅膀的形状和攻角。从航空学的角度来看，蝙蝠的翅膀往往具有较低的展弦比（短而宽），这使得它们能够机动飞行，而同时，较高的弯度（机翼剖面的曲率）则允许它们以较慢的速度飞行。因此，一种具有代表性的蝙蝠的飞行方式是速度虽相对较慢但高度敏捷，不过不同物种之间因为生境的原因会有许多差异。生活在更开阔的生境之中或者需要进行长距离迁徙的蝙蝠，要比那些栖息在相

第九章　飞行哺乳动物

对拥挤的地方（如林地）的蝙蝠，拥有更长且更窄的翅膀用于更高速度的高效飞行，而对于后者来说，能够避开障碍物则更为重要。

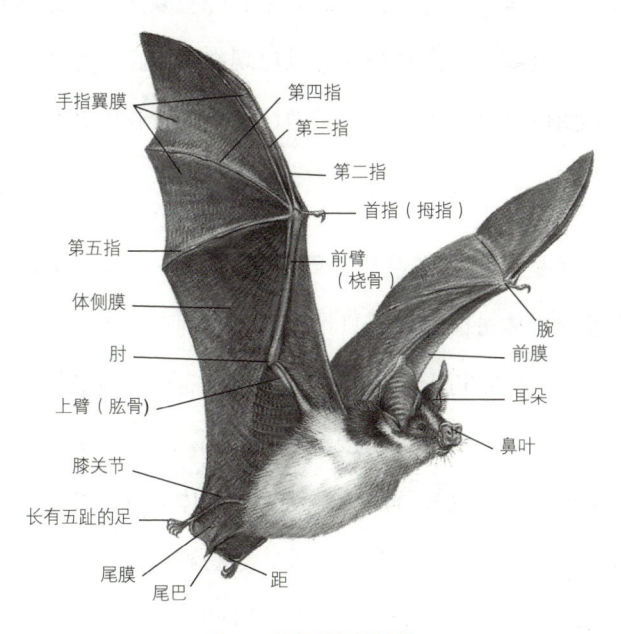

图 38　蝙蝠的翅膀结构

主动飞行需要肌肉输出的能量非常高，并且会不成比例地随着体重增加。毕竟翅膀所能承受的重量是有限的，这就解释了为什么蝙蝠很小：即使是最大的也仅有1.6千克，而最小的大黄蜂蝙蝠算上脑袋和身体的话，体长也仅有2厘米，体

什么是哺乳动物？

重不足2克，这使得它成为世界上最小的哺乳动物。主动飞行的高功率带来了另一种状况：由大量食物所补给出的高代谢率。当得不到足够的食物补给时，为了防止饥饿，蝙蝠会进入暂时性的蛰伏，这时，它的心率、呼吸频率、代谢率和体温都会急剧下降。这种蛰伏可以出现在白天正常停止进食的固定时间，也可以出现在温带地区冬季里较长的几个星期的冬眠期。

蝙蝠是一种非常善于交际的生物，经常成群栖息在一起，这个群体可能以百万只计，而且它们都是用首指的爪子倒挂着。它们在树上、洞穴或者裸露岩石的天然裂缝中寻求庇护，有些甚至还会利用人类的建筑物，从屋顶到地下矿山，随处可见。这种群居习性使蝙蝠个体栖息在其他伙伴的附近，夜间可以保持温暖。另外，当它和许许多多其他个体在一起的时候，也不太可能被捕食者选中捉走。

翼手目分为两个种群，小蝙蝠亚目和大蝙蝠亚目（又称果蝠），前者主要是通过回声定位来捕食猎物的食虫蝙蝠。回声定位是一种创造出我们可以想象到的周围环境的听觉图像的方法，借助它，蝙蝠即使是在完全黑暗的环境中，也可

第九章 飞行哺乳动物

以熟练地在目标和障碍物（如树木）之间移动穿梭，发现和捕捉飞虫。短脉冲的超声波从蝙蝠的口腔中发出（马蹄蝠的超声波则是从鼻子中发出的）。典型的声波频率为20~60千赫，这相当于波长既可以短到足以在像昆虫一样小的目标上反弹回声，但同时也长到足以在几米的距离上有效。这种声音以短暂的脉冲形式发出，可长达30毫秒左右，而后，返回的声音会被超大而灵敏的耳朵准确地探测到。

就蝙蝠的捕食模式来说，我们熟悉的是它们在夜空中一边不规律地飞舞一边捕捉飞虫，这种行为几乎在300种左右的微型蝙蝠（小蝙蝠亚目的最大群体）身上都能看到。其他的许多蝙蝠则是食肉动物，譬如体重约为100克的澳大利亚假吸血蝠，它是最大的小蝙蝠亚目动物，以其他蝙蝠、爬行动物和两栖动物为食，这些猎物可以被它的常规听觉系统和回声定位系统双双探测到。狩猎从它所栖息的高高的树上开始，直到它带着所捕获的猎物回到那里饱餐一顿。真正的吸血蝙蝠生活在南美洲和中美洲，在那里，它们以鸟类和哺乳动物的血液为食。对于蝙蝠来说不同寻常的是，吸血蝙蝠探测猎物依靠的是嗅觉而非声音，而且它们通常是沿着地面接近猎物。吸血蝙蝠鼻子上的热敏受体能探测到猎物的浅表血管，

什么是哺乳动物?

然后它们会用特别锋利的尖尖的门齿刮破一小块皮肤,使浅表血管暴露出来,接着用舌头贪婪地吸食血液,而且,它们的唾液中还含有抗凝血剂来防止血液的凝结。吸血蝙蝠拥有一种叫作"血液分享"的行为,这是成年哺乳动物互惠利他主义或互助合作著名的例子之一。在栖息地中的某只蝙蝠会从胃里回吐出所吸食的血液,给另一只饥饿的蝙蝠充饥,大多数情况下是分享给它的亲属,但并不常见。

捕鱼是另一种特殊的捕食性适应。中美洲和南美洲的墨西哥兔唇蝠(渔夫蝙蝠)在平静的水面上飞得又低又慢,几乎是贴着水面滑行。它们利用回声定位来探测水面上由小鱼引起的波痕,一旦确定目标,便会俯身冲下,伸出长脚如两只钩子一般将鱼抓住,并把它放在颊囊里带走。

许多新大陆的叶鼻蝠已经完全摒弃了它们祖先的生活方式,进化成了食草动物,以水果为食,在某些情况下也吃一些花粉和花蜜。它们是某些植物的重要传粉者,其中包括龙舌兰。

第二个种群是大蝙蝠亚目,即果蝠,也常常被叫作飞狐,因为它们长着有些像狗一样的长脸和正常大小的耳朵。

第九章　飞行哺乳动物

它们是热带动物,生活在非洲、东南亚、澳大利亚和许多太平洋岛屿上。与小蝙蝠亚目的蝙蝠不同,大蝙蝠亚目不具备回声定位的能力,需要依靠视觉寻找食物,这得益于它们具有一定程度上的颜色敏感性。目前,大蝙蝠亚目种群的所有成员中,体形最大的当属印度飞狐(印度狐蝠),它的体重足有1.6千克,翼展达到1.7米。它们的主要食物是水果,但也喜爱食用花朵。大蝙蝠亚目也是重要的传粉者和种子传播媒介,而且一些热带植物进化出了硕大而显眼的花朵和大量的花蜜来吸引它们。某些飞狐物种的数量庞大到令人瞠目结舌的程度:自然界中鲜有比百万只飞狐栖息在一起,完全覆盖某块森林里所有树枝更令人惊叹的景象了。

第十章

灵长类动物

什么是哺乳动物?

灵长类（灵长目，Primates）是唯一将其名字发展成为一门被广泛认可的生物学学科的哺乳动物目，拥有配套的大学课程、教授职位和专业教材：灵长类动物学是研究人类及其灵长类亲缘动物的生物学和进化的学科。它向我们揭示了一个非凡的故事：一个生活在6 000万年前的小型的甚至是微不足道的树栖哺乳动物种群，凭借着一颗巨大的大脑，最终进化出了哺乳动物适应性行为特征的最高水平。许多人都在思索为什么会是这样。其中第一个因素是这些动物生活在树上，会对一个复杂环境的三维感知施加选择压力，促使它们使用双目视觉来非常准确地判断距离。第二个因素是它们还需要拥有长长的前肢和能抓东西的手，以便抓住树枝摘取果子、树叶和昆虫，而且不会掉下树去。第三个因素可能是个体间更高程度的社会协作的进化，向那些毫无防备的、显眼的日间进食的同伴发出捕食者来袭的警告。

第十章 灵长类动物

现存的灵长类动物习惯上被归为一系列进化程度越来越高的类群，人们相信这样就可以阐明人类进化的广阔图景。进化程度最低或最原始的类群是原猴亚目（原猴类）的猴子，现存成员可分为狐猴、懒猴、丛猴和眼镜猴。紧随其后的是长臂猿或小猿、类人猿，最后是人类。然而，现在我们了解到，这些种群根本不能很好地反映出真正的进化关系。第一，眼镜猴与高等灵长类的亲缘关系要比与其他原猴类的亲缘关系更近；第二，非洲和亚洲的旧大陆猴子与猿类的亲缘关系要比它们与南美洲的新大陆猴子的亲缘关系更紧密；第三，在类人猿中，褐猿（也被称为红猩猩）与人类的亲缘关系不如大猩猩和黑猩猩密切；第四，即使在这两种非洲类人猿（黑猩猩和大猩猩）之间，黑猩猩与人类也有着比大猩猩更近的共同祖先。

狐猴、懒猴和婴猴

现存的灵长类动物中进化程度最低的是马达加斯加的狐猴，热带非洲、印度和东南亚的懒猴，以及撒哈拉以南非洲的婴猴（又称丛猴、丛林婴儿）。它们都归属于一个叫作原猴亚目的类群，即原猴类，其显著的特征是一个由窄小而

什么是哺乳动物?

细长的下门齿所构成的齿梳,用于刷洗和进食。我们不会把它们误认为是除灵长类之外的任何其他动物,因为它们的眼睛向前,俯视着缩短的吻部,拥有一个对于哺乳动物来说已经相当大的大脑,手指和脚趾长有扁平的指甲,磨牙的齿冠呈方形。但是,原猴类仍然具有灵长类祖先的几个特征。它们的吻部只是略微缩短,大脑也是稍微增大,而且,鼻子的末端是一个感觉圈,它是一种湿润的肉垫,在许多其他哺乳动物(如狗)的身上都能看到。原猴类的社会行为普遍比其他灵长类动物简单。事实上,许多原猴类在大部分时间里都是独居的,有些则是成双入对地生活,而另一些是群居的,这些种群很小,由数量相近的社会地位平等的雄性和雌性组成,与灵长类动物中更为典型且复杂的、由雄性主导的等级制度截然不同。

关于狐猴被完全限制在马达加斯加岛的确切原因,我们不得而知;也许在灵长类动物进化的早期阶段,它们的祖先偶然从非洲大陆扩散过去。但可以确定的是,那里从来没有其他灵长类动物与之竞争,因为在现存的狐猴中,有一些进化并发挥了类似于猴子和猩猩在其他地方所扮演的角色。以环尾狐猴为例,它生活在森林里,是跟猴子一样的树栖食草

第十章 灵长类动物

动物，不过它也非常擅长用四条等尺寸的腿在地面上移动。环尾狐猴在白天以水果、花朵和树叶为食，也不排斥捕捉昆虫，甚至是小型脊椎动物。

大狐猴和维氏冕狐猴，如图39（a）所示，过着类似长臂猿的生活。它们尽可能地待在森林树冠的高处，在那里，它们借助有力的后腿在树枝之间跳跃，距离可达10米。和长臂猿一样，这两种狐猴也通过鸣叫的方式来彼此交流。它们是现存最大的狐猴，体重可达9千克左右。其实，在马达加斯加的土地上曾经生活着一种巨狐猴，它们在地面上活动，体重可达160千克，相当于最大的雄性大猩猩。然而，当人类在几千年前踏上这片土地后不久，它们便不幸灭绝了。在体形大小的另一极，肥尾鼠狐猴（又称粗尾侏儒狐猴）是所有灵长类动物中最小的，体重不足40克。灰鼠狐猴，如图39（b）所示，只在夜晚活动，以高热量的昆虫、水果和树汁为食，当食物匮乏时，它们会迅速进入蛰伏状态。灰鼠狐猴的生活方式与非洲大陆上的婴猴相似。指猴，如图39（c）所示，是狐猴中非常奇妙的一种，看起来更像是一种尾巴毛茸茸的啮齿类动物，而非小型灵长类动物。指猴那不同寻常的进食行为堪比啄木鸟：它的门齿可以像啮齿类动物的门齿一样持续生

什么是哺乳动物?

长,用来咬穿枯木,然后用它细长的手指从中抓出昆虫幼虫果腹。

瘠懒猴,如图39(d)所示,它与婴猴和树熊猴的体形都很小,是完全树栖的原猴类动物,四肢并用抓紧树枝四处移动。婴猴是出色的跳跃者,这主要得益于它那较大的后肢,以及那条毛茸茸的可以保持平衡的长尾巴。与婴猴相比,瘠懒猴行动非常迟缓,而且几乎没有尾巴。瘠懒猴用它们一样

(a)维氏冕狐猴

(b)灰鼠狐猴

(c)指猴

(d)瘠懒猴

图39 狐猴、指猴和瘠懒猴

长短的四肢紧紧抓牢树枝，在其间移动，这些树枝几乎不可能被折断。原猴类所有成员的主要食物都是昆虫，包括对于它们来说有毒的毛毛虫。当然，对于其中体形较大的物种而言，水果也是它们可以欣然接受的美食。

眼镜猴

眼镜猴，如图40所示，又称跗猴，只在东南亚的岛屿上被发现。尽管它们与其他灵长类动物有着一些共同的特征，但是一度被归为狐猴、婴猴和懒猴一类。眼镜猴的鼻尖是多毛的而不是湿润的，另外，它们也拥有多层的胎盘结构。如今，眼镜猴与猴子和类人猿都被归为简鼻亚目（Haplorhini），这一关系已由分子证据确定无疑。尽管如此，眼镜猴的确很像婴猴，它俩都有很长的后腿（眼镜猴的后腿特别长，极能适应攀附和跳跃），还有一条毛茸茸的长尾巴。别看眼镜猴的体长至多12厘米，但它能一下跃出几米的惊人距离，即便是一位母亲把它的孩子紧紧抱在肚子下面，依然能够做到这一点。眼镜猴借助长有圆形吸盘的灵巧的长手指和长脚趾在着陆之时抓住树干和树枝。它们的眼睛相对于自身的体形而言是所有哺乳动物中最大的，有着出色

什么是哺乳动物？

的夜视能力，这有助于寻找昆虫和小型脊椎动物，然后用纤细而灵巧的手指捕捉它们。

图 40　眼镜猴

新大陆和旧大陆的猴子

所有其他的灵长类动物，包括猴子、猿类和人类，共同组成了类人猿亚目（Anthropoidea）。它们的大脑比眼镜猴的更大，例如猴子的大脑约是同等体形哺乳动物的3倍，这主要是由于大脑新皮质的增加。大脑的增大赋予了这些动物更强的学习和认知能力，以及更复杂的社会互动，而这些都是类人猿的特征。其中一种表现是，它们可以识别出所在种群中更多的成员，并对每一个成员采取适当的行为表现，譬

第十章　灵长类动物

如理解它们在统治阶层中的社会地位。另一种表现是承载着特殊含义的叫声的数量。例如，长尾黑颚猴拥有20余种确切的叫声，包括对不同捕食者（如老鹰、豹子或蛇）的不同警告，以及指示不同种类的食物。它们个体之间有着一系列的社交叫声，这些叫声与它们的等级、情绪，以及意图有关，而所有这些都是为了引起接收者给出恰当的回应。此外，它们彼此之间还有至少60种不同但清楚的肢体动作用于沟通和交流。

类人猿的主要感官是它们的视觉，包含红色、绿色、蓝色的彩色视觉，这对它们在树上找到成熟的水果特别有帮助。它们的彩色视觉也促使一些物种使用颜色来发出性信号。例如，占统治地位的雄性山魈，如图41所示，拥有亮蓝色和红色面部图案，以及雌性狒狒在接受雄性狒狒时展示的亮粉色臀部。猴子也的确是所有哺乳动物中颜色最为鲜艳的。相比原猴类，类人猿的嗅觉可以说是相当差，而且远不及视觉那般重要。

类人猿的进化发生在非洲，但在3 500万年前，有一个物种到达了南美洲这片当时与世隔绝的岛屿大陆。或许在当

什么是哺乳动物？

图 41　山魈

时，一场风暴从非洲海岸上撕扯下来一大片植被，一些类人猿恰巧被这片植被挟带，一路漫无目的地漂流，意外地穿过了当时要狭窄许多的大西洋，登上了南美洲的土地。

从那时起，这种新到来的物种进化成了猴子在新大陆上的分支，得名阔鼻猴，因为它们拥有一个特征性的宽鼻子，而且鼻孔开向侧方，鼻孔间距也较宽。现如今，阔鼻猴在南美洲和中美洲大约有85个物种，从体重仅有120克的狨猴（又称拇指猴）和绢毛猴，到更大且更多样化的卷尾猴（又称悬猴），譬如10千克的绒毛蛛猴。大多数新大陆猴都有一条长长的、能抓握树枝的尾巴，作用就像第五肢一样。例如，蛛猴又称蜘蛛猴，如图42所示，能够以极高的敏捷性和速度在森林树冠间移动，寻找成熟的水果和鲜嫩的叶子作为它们的食物。吼猴是阔鼻猴类的另一个重要成员。它们的声音被喉

第十章 灵长类动物

图 42 蛛猴

咙里的骨共鸣腔放大，这种声音是所有陆生动物中最大的，能够在森林里传播到接近5千米外的地方。它们吼叫，或者说是咆哮的主要目的是宣示猴群的领地，这个领地也必须足够大，容纳足够多鲜嫩且营养丰富的树叶，而这些叶子是它们主要的食物。声音是一种比边界巡逻和击退对手更为行之有效的保卫领地的方法。狨猴专吃树胶，而许多树木都会分泌树胶用于防虫。为了吃到树胶，狨猴会用它们锋利的爪子抓住树干，然后用如凿刀般锋利的门齿挖出一个浅洞。树胶是此类灵长类动物全年性的重要资源，因为它们实在是太小了，无法广泛地觅食。

非洲和南亚地区的约45种旧大陆猴子共同组成了猴科

什么是哺乳动物？

（Cercopithecoidea）。它们当中的大多数栖息在树上，以水果和树叶为食，生活在一年四季食物丰富的热带森林里。疣猴类，比如亚洲的长尾叶猴和叶猴，以及热带非洲的疣猴，是极有效率的进食者。它们拥有一个扩大的胃，分为几个充满了用于消化植物细胞壁纤维素的细菌的区域。猴科的猴子中也包括一些在地面上度过更多时间的物种，而这些物种往往具有功能全面的进食策略。长尾黑颚猴分布在撒哈拉以南非洲的大部分地区，在那里它们几乎来者不拒，什么都吃：从树叶、花朵、水果和种子，到昆虫、鸟蛋和雏鸟，甚至包括小型哺乳动物。它们的猴群已经擅长侵袭人类种植的作物，甚至是纠缠游客来索要食物。虽然长尾黑颚猴的大部分时间都是借助树木得到庇护，但它们乐于穿梭在开阔的空间中。对于狒狒而言，它们更习惯生活在地面上，凭借四条等长的腿走路和奔跑。而且，它们甚至能够以足够快的速度奔驰，捕捉野兔和幼羚羊等猎物。

猿类

猿类动物的数量并不多，但我们对它们特别感兴趣，因为它们是现存的与我们亲缘关系最近的物种，使得我们会

第十章 灵长类动物

不可避免地联想到跟它们的相似之处。猿分为两个科：长臂猿科和人科。长臂猿科，包括十几种长臂猿，分布范围自印度东北部和中国南部一直到马来群岛。人科包括苏门答腊岛和婆罗洲的褐猿（红猩猩），非洲的黑猩猩和大猩猩，还有智人。

猿类动物的一些身体特征最初是为了一种特殊的树栖移动模式而进化出来的，这种移动模式被称为"臂行"，即在树枝下面摆动，而不是像猴子那样在树枝上走动。它们的手臂长于后腿，胸宽，肩带活动自如，手脚如钩子一般，无尾。长臂猿可谓将这种能力发挥到了极致，如图43（a）所示。它们可以借助非常长的手臂和几乎同样长的腿，通过在树枝之间快速摆动，跳跃于森林树冠的间隙中，长距离的行进犹如杂耍一般。作为相对大块头的灵长类动物，它们需要像这样在更广的范围内觅食，以找到足够的熟果来满足自身的需求。

一个长臂猿家庭，通常由单配制的夫妇和两三个它们的后代组成，通过令人惊讶的、婉转悠扬的歌声来宣扬自己的存在，宣示领地的归属，这些歌声远在几千米外都能听得

什么是哺乳动物？

到。一首歌由一系列的升音、颤音和渐强音组成，每个个体都可以通过其独特的版本被识别。通常情况下，雄性在拂晓时分歌唱，而雌性则在上午演唱属于她的截然不同的曲子。它们像这样唱歌有几个功能，包括在一个种群的成员之间，以及和邻近的种群之间进行身份的识别。雄性的歌声也会打消潜在的雄性竞争者接近它雌性伴侣的念头。雌性的歌声有时会有雄性伴唱，用来宣示家庭种群的领地，并阻止来自其他种群的入侵者。在中国的海南，它们被当地人亲切地称为雨林"歌王"。

作为体形最大的长臂猿，马来亚长臂猿（又称合趾猿）的体重也只有10千克左右。一只雄性褐猿，如图43（b）所示，即"森林老人"，体重可达90千克。在这样的体重下，它是不可能无忧无虑地用双臂吊荡在树枝间行进的。虽然褐猿仍然几乎完全生活在树上，但它的动作缓慢且谨慎，当需要从一根树枝移动到另一根树枝时，它总是用至少两只如钩子一般的手或脚牢牢地抓住树枝，小心翼翼地移动。为了越过树间的缝隙，它不采用跳跃，而是在自己所在的树枝上摇摆身体，像荡秋千一样，直到足够接近相邻的树枝并且能够抓住它。以这种费时又耗力的方式，一只褐猿一天只能行进

第十章 灵长类动物

不足1千米，这或许解释了为什么它们不像长臂猿那样要保卫自己的领地。它们的食物主要是水果，但也吃一些嫩叶、种子和树皮，甚至时不时地也吃上一些昆虫。

非洲类人猿也是大型灵长类动物，雄性黑猩猩体重约为40千克，而雄性大猩猩更是高达180千克。它们都是爬树能手，对于黑猩猩而言，它们的大部分时间都待在树上，白天进食，晚上休息。大猩猩很少上树，它们只会在有果子可摘的时候爬到树上。在地面上移动的时候，黑猩猩和大猩猩都有一种被称为"指关节着地走"的移动方式：以正常的方式使用后脚掌，但手指向后弯曲，将重量放在指关节上，而非手掌上。这种移动方式使得它们可以用四肢行走和奔跑，同时，手掌也不必失去重要的抓握能力。

大猩猩，如图43（c）所示，只发现于赤道非洲的两个地区，西部大猩猩生活在喀麦隆周围的沼泽和森林中，东部大猩猩生活在乌干达附近海拔3 790米的地方。与它们凶猛的名声相反，大猩猩通常不具有攻击性，完全是草食性的，喜欢吃高能量的水果，但在必要时能够通过长时间啃食植物的叶和茎来生存。为此，大猩猩的磨牙很大，颌部肌肉强劲有

什么是哺乳动物？

力。大猩猩的社会结构是由5~20只雌性及单个体形更大的占统治地位的雄性所组成的一个稳固的"家庭"。大猩猩，素有"银背大猩猩"或"金刚猩猩"之称，它可以用它纯粹的力量和巨大的犬齿来保护它的种群免受狮子等捕食者的侵害，并赶走潜在的雄性竞争对手。

黑猩猩有两种，普通黑猩猩，如图43（d）所示，以及倭黑猩猩（又称矮黑猩猩或侏儒黑猩猩）。虽然在解剖结构上，黑猩猩与大猩猩和红猩猩非常相似，但分子生物学证据表明，事实上，我们人类才是与它们有着最近亲缘关系的物种。黑猩猩的栖息地是非洲中部和西部的赤道热带雨林和稀树草原，在那里它们生活在15~150只的种群当中。黑猩猩使用非常长的手臂来摆动身体，用细长的手指握住东西。它们是敏捷的爬树动物，白天大部分时间都在进食，晚上则睡觉。然而，与长臂猿和褐猿行进方式不同的是，黑猩猩通常是在地面上行进一定的距离。与其他类人猿相比，黑猩猩的食物要更加复杂一些，水果和许多不同植物的其他部分构成了它们的主要饮食。此外，它们也吃雏鸟。黑猩猩还可以捕捉如猴子、灌丛野猪和小羚羊一般大小的哺乳动物为食。当捕捉这类哺乳动物时，它们会通过组织有序的集体围猎的方

第十章 灵长类动物

(a) 长臂猿　　(b) 褐猿　　(c) 大猩猩　　(d) 黑猩猩

图 43　猿类

式来实现这一目标。通常情况下，种群中的一些成员会暗中走到潜在猎物的前面，阻断其逃跑路线。一旦就位，种群中的其他伙伴就会在树林间或沿着地面追逐这个猎物，伴随着大声呼喊、尖叫、扔木棍，直到它被驱赶向伏击的同伴。随后，伏击的黑猩猩会用它们强有力的犬齿杀死这个猎物。

自20世纪60年代，简·古道尔（Jane Goodall）开创性的观察研究开始，人们关于野生黑猩猩的行为研究已经有了很多发现。此外，与大猩猩和褐猿相比，它们的体形更小，这使得它们更容易被圈养，而在圈养的过程中，它们的学习能力和潜在的语言技能可以被实验研究。随着人们对黑猩猩心智的研究越发深入，人们发现它们的行为似乎更像人类。黑

什么是哺乳动物?

猩猩的大脑平均容量约为400毫升,差不多是人类大脑容量的三分之一,是所有灵长类动物中相对来说体形较大的。它的大脑突出的特点是新皮质褶皱的规模和程度与人类相似,但还不如人类那样突出。

黑猩猩的社会性种群并不稳定,时不时会有个体加入或是离开,不过仍然具有高度的组织性。种群中有一个线性的雄性统治等级,由特定的一只雄性领袖领导,雄性比雌性的地位等级都高,而雌性又拥有她们自己的等级制度。黑猩猩个体之间的交流是广泛和相当持续的。它们大约有30种不同的叫声来表示问候、警告、求偶倾向、食物来源,以及用来表达满足、暴躁、好斗和绝望等精神状态。同样令人印象深刻的是它们那些看得见的手势和面部表情,被用来传达友谊、恐惧、乞求食物,以及一只对另一只的攻击,包括扮鬼脸、跺脚、拍手、扔木棍或者冲撞。对占主导地位的领袖的服从则通过撅嘴、蹲伏或露出臀部的方式来表达。母亲和婴孩之间的联系和交流尤为强烈,而且和人类一样,黑猩猩的童年相对较长。哺育大约持续五年的时间,在此期间,黑猩猩幼崽沉浸在孩子般的好奇心和玩耍中;这也是一段紧锣密鼓地学习社交和生活技能的时期。和人类一样,母系纽带通

第十章 灵长类动物

常会持续一生。

虽然良好的关系（尽管有时候吵闹）在黑猩猩种群中普遍存在，但各种形式的过激行为也时有发生。例如，雄性个体有时会杀死一只幼崽，其目的是使雌性怀上自己的后代。在社群层面，两个种群之间偶尔会发生看起来很像战争的事情。在这期间会发生激烈的战斗，包括使用棍棒击打和投掷石块，以及直接的贴身搏杀。这种冲突很可能持续到其中一个种群被彻底消灭为止。

黑猩猩对于工具的使用逐渐变得广泛而多样。它们会把树枝折断到合适的尺寸，然后剥去树皮，用来挖出白蚁和从蜂房中采蜜。石头被用作锤子和砧板，来打碎坚硬的水果。甚至有人曾看到黑猩猩用咀嚼的树叶来制作海绵，从水坑中吸水。以其他哺乳动物的标准来衡量的话，圈养黑猩猩的学习能力可谓惊人。令人印象深刻的或许是虽然它们根本无法学会说话，但是可以学会理解多达300多种不同的手势语。从各种各样的实验证据来看，毫无疑问，黑猩猩能够进行相对抽象的概念推理，并且它们具有自我意识，能够以与人类相当的方式体验诸如快乐和悲伤等情绪。

什么是哺乳动物?

人类

有这样一个理念,认为我们人类虽然拥有自己特殊的适应性,但在原则上我们仍然是动物界的一员,与其他动物并无本质差异。这个理念,即使是在科学家当中,也是经历了许多个世纪才扎根下来。但是,随着进化论的发展,以及原始人类(如尼安德特人)化石的重见天日,我们灵长类动物的本质变得愈加清晰。的确,随着我们对于人类智力水平理解的提高,类人猿和人类之间的差异变得越发模糊。

人类进化出的两个重要的新适应性是直立行走和容量约为1 400毫升的大脑。直立行走是身体保持垂直,用两条后腿行走,这种移动方式需要对骨骼进行几次改变。骨盆要短,髋关节要矫正,以使腿径直朝下;同时,膝关节要拉直,脚要收窄。关于直立行走最初的适应性的重要性争论,已经持续了很多很多年。被广泛接受的理论认为,当在地面上移动时,把头抬得高可以在大草原上获得更好的视野。同时,直立行走也解放了人类的手臂,使人类可以携带其他的东西,如食物、武器和婴孩等。然而,近年来有越来越多的证据支

第十章 灵长类动物

持另一种解释,即"水猿理论"。这一理论认为,在进化的某个阶段,史前或早期人类是半水栖的,他们在湖泊和河口中涉水,沿着海岸用手收集贝类和睡莲鳞茎。这就可以解释为什么人类的身体是垂直的,以及为什么拇指与其他手指相对而生。同时,"水猿理论"也解释了一些不太容易被理解的人类特征,比如毛发被脂肪隔热层取代、潜水反射的存在,以及非常年幼的婴儿的游泳能力——所有这些特征都与海洋哺乳动物匹配,却不与其他任何灵长类动物匹配。我们还从一些早期人类化石遗址获得了一些直接的证据,证明贝类和鱼类确实在一些早期史前人类种群的饮食中扮演过重要的角色。无论直立行走的最初目的是什么,它肯定不是为了跑得更快,因为我们不具备与体形相当的大多数具有代表性的哺乳动物的速度。但是,我们的确是有持续跑很长一段距离的耐力。

大脑进化成更大的尺寸,需要颅骨的解剖结构做出几个改变,使其具有独特的人类形态。颅顶被极大地增加,用来容纳大脑。作为弥补,人类的口吻部变得非常非常短,牙齿和颌部肌肉的尺寸也相应地缩小,这个特征表明肉类和水果在我们早期的饮食中所占的比例要比植物更大。髁突——

什么是哺乳动物?

即颅骨与脊柱的连接点——移动到了颅骨下方的位置，使其更容易支撑位于垂直的颈部顶端的颅骨。人类的大脑容量大约是猿类大脑的四倍，这反映了我们更加复杂的社交生活，以及我们更强的学习能力和行为适应性。人类的大脑还与我们特有的语言属性有关。猿类虽然可以识别并回应大量的语言信号，但这些信号相当于单词而不是句子：它们缺乏语法的使用。通过将名词、动词和限定词串联成句子，人类的语言能够表达出更详细的信息。这些语言都是在一个由抽象概念、所获知识和交流中分享的记忆所构成的丰富背景下诉说和被理解的。

虽然我们人类通过进化获得了我们的特征，但将我们自己简单地视为具有某些解剖学和行为学适应性的另一种灵长类动物并不总是有益的。在下一章中，我们将探讨这种认识差异对哺乳动物世界其他方面所产生的影响。

第十一章

人类与哺乳动物：过去和未来

什么是哺乳动物？

过去

我们不应该忘记，现存物种的灭绝和新物种的起源一样，都是进化的一部分，因为如果现有物种没有消失，那么新物种就不会有生存的空间。所有物种的最终命运都是走向消亡，并被它们自己的后代或者其他种群的后代所取代。哺乳动物也不例外，正如我们在第四章中看到的，在它们的进化过程中，物种的数量和种类发生了翻天覆地的变化。5 000万年前的始新世时期，全球气温要比现在要高出许多，正值哺乳动物数量的鼎盛。然而，1 500万年后的世界变得越来越冷，也越来越干燥，超过一半的哺乳动物消失在沧海桑田的变迁之中。当时间又走过1 500万年，气候条件有所改善，中新世的辐射进化拉开大幕，伴随着许多新的哺乳动物的进化。而当上新世的温度再次下降之时，哺乳动物的数量

第十一章 人类与哺乳动物：过去和未来

又一次减少，这个阶段从700万年前开始，断断续续，直到今天。

气候变化及与之同时发生的物种灭绝和辐射进化的原因是复杂的，但根本原因是大气中二氧化碳水平的波动。这种波动造成了温室效应，即地球大气中存在的二氧化碳越多，被困在大气层中的太阳热量就会越多。大气中二氧化碳含量的提高对于地球上的生命还有另一个更直接的影响：植物获得的二氧化碳更多，它们就能进行更多的光合作用和生长，为食草动物提供更多的食物，食草动物转而又喂养给它们的捕食者。

然而，在这种自然物种更迭的背景下，过去数万年间，哺乳动物群的变化却是不同的。哺乳动物曾历经过另一个大规模灭绝时期，与更早时期的大灭绝所不同的是，这次灭绝严重倾向于体形较大的物种。这些大型的哺乳动物，如猛犸象、剑齿虎、爱尔兰大麋鹿、巨猿和巨鬣狗等都已消失不见。南美洲和中美洲的大地懒、雕齿兽和南方有蹄类（如箭齿兽），以及大洋洲体重达1吨的双门齿兽和巨袋鼠也已灭绝。此外，这一灭绝阶段要比过去那些灭绝阶段快得多，仅

什么是哺乳动物？

仅经历几千年的时间，而不像更早的大灭绝时期所持续的数万年到数十万年之久。但重要的特征是，这一时期的大灭绝发生在世界不同地区的不同时间。在最后一个冰期接近尾声时，人类经历了一次向世界范围内的大规模扩张，人类迁徙的时间与这些哺乳动物灭绝的时间大致吻合。在澳大利亚，灭绝期大约开始于6万年前，在欧亚大陆大约开始于4万年前，而在美洲大约开始于1万～1.2万年前。就在最近的1 000～2 000年前，人类踏上马达加斯加岛的土地，这个时间恰好与巨狐猴灭绝的时间相吻合，也与岛上描绘捕猎这些动物的洞穴壁画的时间一致。

我们不得不得出这样的结论：人类活动是这次大型动物灭绝的主要原因，即使自然气候的变化可能也起了一定的作用。来自石壁绘画和人类手工艺品的考古证据向我们展示了人类弓箭等武器的进步，以及狩猎大型动物技术的进步，譬如利用挖坑作为陷阱以达到猎捕的目的。尽管以现代的标准来衡量的话，当时的人口数量仍然极少，但通过计算机模拟，将人类的猎杀速率与猎物繁衍更替的速率相比较，其结果显示，人类确实可以在短短1 000～2 000年的时间里，造成他们最常猎杀的大型哺乳动物的物种灭绝。

第十一章　人类与哺乳动物：过去和未来

从人类开始扩张的那一刻起，世界上的哺乳动物就遭受了不可逆的而且多半是不利的影响。这种影响是因为人们出于私利，直接把它们作为食物，并且把它们的皮毛做成衣服。人类这种搜寻和狩猎的生活方式一直延续到现代历史时期——即便是时至今日，在世界上少数地区的有限范围内，我们依旧能够看到。以捕鲸为例，早期的人类使用简陋的武器在看上去摇摇欲坠的小船上从事着捕猎活动，直至今日，一些沿海的原住居民依然保留着这种做法。到18世纪，捕鲸已经发展到商业规模，人们将鲸油用于照明，并用其制作蜡烛和肥皂；在塑料问世以前，鲸须被用于制作紧身衣和许多其他的物品；鲸肉则作为人类和一些动物的食物。现代的发明，如用来发现鲸的声呐，又或是用来杀死它们而不会对捕鲸者造成危险的爆炸鱼叉枪，极大提高了捕鲸效率。令人悲伤和愤怒的是，现在有些鲸类物种的数量已经严重减少，濒临灭绝。

人类对其他哺乳动物产品产生了一种更不理性且永不知足的欲望，比如将象牙用于装饰。哺乳动物皮毛的价值也不再仅仅是用作制衣来帮助人类生存：在20世纪初，一些物种，如北美洲的海狸、俄罗斯的黑貂和澳大利亚的考拉，被

什么是哺乳动物？

数以百万计地杀害，仅仅是为了满足人类称之为"时尚"的兴趣。

农业在永久定居点的兴起促使了人口数量的激增。如今，许多人生活在城镇和城市里，这对世界上的哺乳动物产生了另一个重大的影响。少数物种被人类所驯化，而且它们刚好具有适合与人类为伴的天性，对社会有益。我们从考古和分子证据中得知，狗是最早被人类驯化的动物，它们起源于距今2万～3万年前欧亚大陆不同地区的狼。狼和人类使用类似的基于种群协作的狩猎技术，搜寻相似的猎物。研究发现，幼狼和小狼很容易被训练成与人类而非狼群合作追击猎物；人们选择性地繁殖这些幼狼中对人类攻击性最小的个体，很快就培育出了完全驯化的狗。

在狗被驯化的几千年后，人们发现了人类驯化哺乳动物的另一个目的的证据。野生绵羊和山羊过着群居的生活，它们拥有合适的体形大小，往往不具有攻击性，并且很容易习惯人类在身旁的存在。不论是在游牧社会还是农耕社会，畜牧都是一种非常有效而且可持续获得肉、奶和皮毛的生产方式。这一习惯起源于大约1.1万年前的中亚和西亚地区。之后

第十一章 人类与哺乳动物：过去和未来

不久，家牛便出现了。它们由现在已经灭绝的野牛或公牛驯化而来，从那时起家牛就成为世界范围内极为重要的肉源和奶源。时至今日，依然有800多个不同品种的牛类活跃在世界范围内。猪是被驯化的主要供食用的哺乳动物。它们是野猪的后代，从大约9 000年前开始，在欧亚大陆上被独立地驯化了数次。非常广泛的饮食使得野猪种群常常在人类居住地周围寻找食物残渣，同时，野猪作为食物的适口性促使人类很快便将它们直接圈养起来，为自己提供丰富、现成的食物来源。

在驯化了用于狩猎的狗、用于提供食物和皮毛的山羊、绵羊、家牛和猪之后，人类驯化了第三类哺乳动物用于运输。现代马是由大约5 000年前欧亚草原上的部落将欧洲野马（又称泰班野马）驯化得来的。不久以后，马匹就彻底改变了人和货物的运输方式，同时，它们也对战争产生了相当大的影响。世界上其他地方驯养的驮畜有驴、骆驼和大象。

这些屈指可数的被驯化的哺乳动物已经对世界上其他哺乳动物群，乃至整个生物群产生了巨大的影响。在地球上富饶的土地中，有广袤的区域被专门用于放牧，不仅是天然

什么是哺乳动物?

草场,更严重、更具破坏性的是砍伐森林造就的大片人工牧场。土著哺乳动物、捕食性动物和那些可能同所驯养的动物竞争食物的物种都被人类赶出牧场。例如,在撒哈拉以南的非洲,牛扮演着重要的经济和社会角色,它们被人类严格保护了起来,避免与大象、羚羊和斑马竞争食物资源,也免遭狮子和豹子的捕食。在整个欧洲,鹿几乎是完全被排除在牧场之外的;狼也几乎从牧场及其他种植着人类和动物饲料的农作物的大片农场中消失。

未来

在8 000年前的农业革命时期,地球上的人口估计有500万。到1800年左右,这个数字达到了10亿。大多数专家和学者经评估认为,到2050年,地球上的人口规模将接近100亿。在过去的几个世纪里,农业的迅速扩张、森林不断被破坏(用于燃料和建筑材料)、城市的无情蔓延,以及采矿和制造业造成的大气和海洋污染,再加上二氧化碳排放引起的全球变暖,这些糟糕的因素都加剧了哺乳动物生境破碎、丧失的问题。

在过去的12 000年里,已知约有240种哺乳动物灭绝,

第十一章　人类与哺乳动物：过去和未来

这在当今存活的5 500种左右的哺乳动物中可能只占很小的比例。在过去的400年里，有几十种哺乳动物被宣告灭绝，包括欧洲野牛（1627年）、斯特拉大海牛（1768年）、澳大利亚蓝灰鼠（1956年）和圣诞岛伏翼蝙蝠（2009年）等形形色色的物种。当前世界上哺乳动物所面临的危机，与其说是已经发生的灭绝，不如说是大多数物种种群数量的急剧下降。如果一个物种种群中个体的数量低于某一临界值，那么这个物种就不太可能生存长久。因为种群个体的数量会自然波动，如果这个数量过少，它慢慢会降为零。如果这个种群正在遭受生境的丧失或者过度开发，那么它的灭绝就更加不可避免了。根据目前的估计，现存哺乳动物中约有四分之一的物种正受到这样的威胁，其中许多是极为严重的，而且可能是无法逆转的。如果人类放任这样的趋势发展下去，那么这一比例还会迅速上升。

或许人口数量大幅减少，是应对动物保护危机合理的解决方案，这在"生物学"层面是合情合理的，但在"人文学"层面却是无法办到的。然而，现实的办法须是一种折中的方案，它非常侧重于人类对自然资源的需求。不过，如果动物保护的可取性被人们广泛接受，并且在人类行为中施加

什么是哺乳动物？

必要程度的自我约束，那么很多事情将成为可能。截至目前，重要且切实可行的措施是维护、扩大和严格监管国家自然保护区。一般来说，保护区的面积越大，它就越能有效地支撑一个多样化的生境和它所承载的生物群。有鉴于此，一项令人振奋的倡议已付诸实践。一个名为"大林波波跨国公园"的跨境公园连接了邻近的莫桑比克国家公园、克鲁格国家公园和津巴布韦戈纳雷若国家公园，共同构成了世界上迄今最大的跨国公园和世界级生态旅游点。卡万戈赞比西跨境保护区也是一个类似的开发项目，旨在连接博茨瓦纳北部、赞比亚西南部和纳米比亚东北部的野生动物园。目前，该保护区已成为全球最大的自然保护区，内有36块独立的自然保护区域，横跨5个国家，除了上面提到的3个国家外，还有安哥拉和津巴布韦。这些跨境保护区有潜力容纳、保护和促进一个丰富多样的原生生物群的多种迁徙模式。建成这些保护区之后，另一项极为重要的行动是有效地保护它们免受偷猎和经济活动（采矿、林业和农业入侵）的压迫。

最终，成功的动物保护必须依靠当地政府和社会的承担与奉献，以及教育并鼓励下一代，让我们的孩子知道保护这些哺乳动物是多么迫切、多么重要。实现这一目标的一个直

第十一章 人类与哺乳动物：过去和未来

接而实际的方法是确保现代生态旅游业的可观收入要归当地社会组织者所有，而不是进入外国经营者的口袋。

对大型保护区进行全面保护的另一种选择是将资源集中在特定物种的身上，通常是那些更容易筹集资金且更具标志性的物种。例如，大熊猫的数量正从灾难性的锐减中恢复过来，数量已由1 200只提高至接近2 000只，世界自然保护联盟已将其保护级别由濒危降至易危。这项卓越的成就要归功于中国对大熊猫和它们的适宜生境的集中保护。另一个成功的案例与阿拉伯剑羚有关。因为被过度狩猎，它们几乎从野外灭绝。好在一个集中繁殖圈养动物的计划成功繁殖出足够多的个体，并将它们小心地放归到约旦的一个保护区内，在那里它们的数量已经增长到了2 000多只。虽然通过圈养繁殖可以很好地保护单个物种，但通过这种方式，我们所能够拯救的濒危哺乳动物物种的数量显然是非常非常有限的。

我们不得不承认，阻止所有哺乳动物物种灭绝是一个无法实现的乐观目标，因此，我们必须客观地确定动物保护工作的优先事项。第一步是扩大正在进行的全球性研究工作，尽可能多地了解所有哺乳动物物种及其生境的现状。第

什么是哺乳动物？

二步，我们可以商定适当的标准，以决定如何合理、有效地分配我们有限的资源。该标准应当包括以下因素：某个物种即将灭绝的风险有多大；某个物种在进化上有多么与众不同。一个简单的例子是目前正在使用的评分标准：根据世界自然保护联盟所编制的《世界自然保护联盟濒危物种红色名录》，某个物种的绝种风险由该物种的进化独特性和全球濒危程度所共同决定。然而，某个物种的灭绝风险并不仅仅取决于其目前的种群规模和下降速度，还取决于诸如它是否是岛屿物种、生境碎片化物种、大体形物种等因素，这些因素都倾向于增加这个物种的脆弱性。人为因素同样需要考虑，包括当地的土地使用压力的强度，世界不同地区采取行动的相对成本，以及当局开展有效合作的可能程度（譬如他们是否愿意限制狩猎和打击偷猎行为）。在理想情况下，人类应该建立一个统一的结合所有这些标准的全球性战略，并在一个独立的国际机构（如世界自然保护联盟）的支持下实行。

有学者评估认为，如果要保护目前所有现存哺乳动物种地理范围的10%区域，那么我们就需要保护多达12%的地球表面。哺乳动物保护的总体前景并不乐观，而且毫无疑问的是，目前被列为面临严重灭绝风险的占现存哺乳动物群25%

第十一章 人类与哺乳动物：过去和未来

的物种当中，会有相当数量在本世纪末之前消失不见。当然，我们不会回到10万年前的状态，在那时，我们与其他哺乳动物，以及地球上所有其他的物种，差不多处在一种生境平衡的状态。人口规模也不太可能降低到一个可以腾出足够比例的土地，来建设足够有效的自然保护区的水平。

尽管如此，我们还是有一些保持乐观的理由。自然保护的价值正被越来越多的人所接受，但确切地说，我们实际上并不清楚为什么这么多人如此重视自然保护，因为人类可以在没有任何哺乳动物（除了驯化家养的动物之外）的情况下，依旧很好地生活，对于大多数人确实如此。或许，我们的深切关注来自我们与自然世界的一种与生俱来且根深蒂固的心理层面的亲近感：我们在自然中进化，在人类历史的绝大部分时间里与自然共存。如今，这种亲近感主要表现为我们想要饲养宠物、给孩子买毛绒玩具，以及享受在乡村散步时的惬意时光。或许，保护自然只是一种对动植物形态、色彩和气味的审美欣赏。或许，保护自然是一种出于对其他生物的福祉，进而表达出的如父母般的责任感。又或许是如同自然世界给我们提供了一种精神体验一样，我们也在反思自己在这之中，乃至在整个宇宙中的意义。总之，无论出于何

什么是哺乳动物？

种动机，在自然保护方面，我们已经取得了一定的成功。至少在理论上很清楚：只要付出更多的努力，我们也许就能获取更大的成就。如果我们愿意投入必要的资源，那么我相信，至少大多数现存的哺乳动物将在未来的几个世纪里，在地球上子孙兴旺、生生不息。

是的，我相信。

名词表

B

巴博剑齿虎	barbourofelis
巴莫鳄	biarmosuchus
巴西兽	brasilitherium
斑马	zebras
保护	conservation/protection
北方兽类	boreoeutherians
北极狐	arctic foxes
北极熊	polar bears
被捕食者	prey
臂行	brachiation
蝙蝠	bats
捕猎行为	hunting behavior
哺乳动物进化	evolution of mammals
哺乳动物驯化	domestication of mammals
哺乳期	lactation

什么是哺乳动物？

C

产仔数	litter sizes
颤抖	shivering
齿鲸	odontocetes
齿系	see dentition
穿山甲	pangolins
次生腭	secondary palate
刺猬	hedgehogs
丛猴	bush babies/galagos
长臂猿	gibbons
长臂猿科	hylobatidae
长颈鹿	giraffes
长尾黑颚猴	vervet monkeys

D

大带齿兽	megazostrodon
大地懒	megatherium
大规模	mass
大海牛	steller's sea cow
大狐猴	indris
大象	elephants
大猩猩	gorillas
大羊驼	llamas
代谢率	metabolic rate

名词表

带齿兽类	taeniodonts
袋獾	tasmanian devils
袋狼	thylacines
袋食蚁兽	numbats
袋鼠	kangaroos
袋熊	wombats
袋鼬	dasyuromorphs
单孔目	monotremes
淡水	freshwater
第三纪哺乳动物	tertiary mammals
雕齿兽	glyptodonts
冬眠	hibernation
独角鲸	narwhals
钝脚类	pantodonts
多瘤齿兽	multituberculates
多样性	diversity

F

发酵腔	fermentation chamber
发声的	vocal
繁殖	reproduction
反刍动物	ruminants
飞行哺乳动物	flying mammals
非洲兽总目	afrotherians
非洲野犬杂色狼	painted dogs

什么是哺乳动物？

肺动脉弓	pulmonary arch
狒狒	baboons
负鼠	opossums/possums

G

隔膜	diaphragm
更格卢鼠	kangaroo rats
骨骼	skeletons/bones

H

海豹	seals
海狸	beavers
海牛	manatees
海狮	sea lions
海水的	marine
海豚	dolphins
海象	walruses
海洋哺乳动物	marine mammals
豪猪	porcupines
豪猪亚目	hystricognaths
河马	hippopotamuses
颌	jaws
颌骨	jaw bones
黑猩猩	chimpanzees
猴子	monkeys

名词表

吼猴	howler monkeys
呼吸	breathing/respiration
狐猴	lemurs
虎鲸	killer whales
滑距骨兽	litopterns
滑翔	gliding
滑翔哺乳动物	gliding mammals
踝节类	condylarths
獾	badgers
灰熊	grizzly bears
回声定位	echolocation
活力	activity

J

基龙	edaphosaurs
脊柱	spinal column
剑齿	sabre-tooths
箭齿兽	toxodon
交流	communication
交配行为	mating behaviour
焦兽	pyrotherium
金毛鼹	golden moles
鲸类	cetaceans
巨爬兽	repenomamus giganticus
巨鼠	phoberomys

什么是哺乳动物？

巨犀	paraceratherium
掘穴	burrowing
掘穴动物	burrowing mammals

K

考拉	koalas
恐龙	dinosaurs
恐头兽类	dinocephalians
控温	temperature control
昆虫	insects

L

懒猴	lorises
狼	wolves
劳亚兽	laurasiatherians
肋骨	ribs
类人猿	anthropoids
丽齿兽	gorgonopsians
猎豹	cheetahs
鬣狗	hyaenas
灵长类	primates
灵长总目	euarchontoglires
羚羊	antelopes
鹿	deer

名词表

裸鼹鼠	naked mole rats
骆驼	camels

M

马	horses
猫	cats
猫猴	colugos
猫科	felids
猫鼬	mongooses
酶促化学反应	enzyme controlled chemical reactions
猕猴类	cercopithecines
蜜袋鼯	sugar gliders
绵羊	sheep
冕狐猴	sifakas
灭绝	extinctions
灭绝之因	as cause of extinctions
敏感	sensitivity
摩尔根兽	morganucodontids
抹香鲸	sperm whales
貘	tapirs

N

奈梅盖特兽	nemegtbaatar
耐力	endurance

什么是哺乳动物？

南方有蹄类	notoungulates
南美袋犬	borhyaenids
南美洲	South America
内温性	endothermy
逆戟鲸	orcas
啮齿动物	rodents
啮颌兽	massetognathus
牛羚	wildebeest

O

偶蹄动物	artiodactyls

P

盘龙类	pelycosaurs
胚胎	embryos
皮毛	fur

Q

奇尼瓜齿兽	chiniquodon
奇蹄动物	perissodactyls
鳍脚类	pinnipeds
气候	climate
鼩鼱	shrews
全球的	global

| 犬齿 | cynodonts |
| 犬科 | canids |

R

热中性区	thermo-neutral zone
人科	hominidae
人类	humans
人类狩猎	hunted by humans
妊娠	gestation
狨猴	marmosets
肉齿类	creodonts
儒艮	dugongs

S

三尖叉齿兽	thrinaxodon
色觉	colour vision
山魈	mandrills
山羊	goats
蛇齿龙	ophiacodontids
社会行为	social behaviour
肾脏	kidneys
渗透调节	osmoregulation
生生不息	sense of viviparity
牲口	cattle

什么是哺乳动物？

食草哺乳动物	herbivorous mammals
食草的	herbivorous
食虫哺乳动物	insectivorous mammals
食虫类	insectivorous
食谱	diet
食肉哺乳动物	carnivorous mammals
食肉动物捕食者	predators
食性	feeding habits
始新世	eocene period
始祖兽类	eomaia
视觉的	visual
视力	sight sense of
适应	adaptations for
狩猎	hunting
狩猎行为	hunting behaviour
兽孔类	therapsids
兽头类	therocephalians
鼠	rats
鼠海豚	porpoises
鼠狐猴	mouse lemurs
鼠兔	pikas
树鼩	tree shrews
双门齿目	diprotodonts
水调节	water regulation

名词表

水龙兽	lystrosaurus
水䶄	water voles
水栖哺乳动物	aquatic mammals
水生和半水生哺乳动物	aquatic and semi-aquatic mammals
水獭	otters
水豚	capybaras
水猿理论	waterside ape theory
四肢	limbs
四肢比例	proportions of limbs
髓袢	loop of Henle

T

塔斯马尼亚虎	tasmanian tiger
獭形狸尾兽	casterocauda
胎盘类哺乳动物	placentals
胎盘类动物	orders of placental mammals
蹄兔	dassies
体型	body size
听觉	hearing sense of
头骨	skulls
土狼	aardwolves
土豚	aardvarks
兔形目	lagomorphs
兔子	rabbits

什么是哺乳动物?

W

挖掘	dig
尾巴	tail
尾部	tails
位置	position
鼯猴	flying lemurs
鼯鼠	squirrels
物种	species

X

犀牛	rhinoceroses
下孔类	synapsids
下丘脑	hypothalamus
线粒体	mitochondria
消化	digestion
小食蚁兽	tamanduas
小鼠	mice
楔齿龙科	sphenacodontids
心动过缓	bradycardia
新皮层	neocortex
信息素	pheromones
猩猩	orangutans
胸腔	thoracic region

名词表

熊	bears
熊猫	pandas
嗅觉	olfaction
须鲸	baleen whales
穴居	burrowing habits
血液循环	blood circulation
驯化	domestication
驯化的哺乳动物	domesticated mammals

Y

鸭嘴兽	duck-billed platypuses
眼镜猴	tarsiers
演化	evolution
鼹鼠	moles
氧气	oxygen
野兔	hares
夜视	night vision
夜行哺乳动物	nocturnal mammals
移动力	locomotion
以蚂蚁为食的哺乳动物	ant eating mammals
以鱼类为食的哺乳动物	fish eaters
异关节总目	xenarthrans
营养需求	nutrient requirements
用两足运动	bipedalism
用于控温	use in temperature control

什么是哺乳动物？

用于狩猎	for hunting
疣猴	colobine monkeys
疣猴属	colobus monkeys
游泳	swimming
有袋类哺乳动物	marsupial
有袋类狐猴	marsupials aye-aye
有蹄类	ungulates
羽齿兽	ptilodus
原猴类	strepsirhines
原犬鳄龙	procynosuchus
原始哺乳动物	pre-mammals
猿	apes
远古翔兽	volaticotherium

Z

在物种灭绝中的作用	role in extinctions
早期哺乳动物	early mammals
早期人类	early humans
爪兽	chalicotherium
蛰伏	torpor
针鼹	spiny anteaters/echidnas
真犬齿兽	eucynodonts
真三尖齿兽类	eutricondonts
蜘蛛猴	spider monkeys
指关节着地走	knuckle-walking
中国袋兽	sinodelphys

名词表

中生代哺乳动物	mesozoic mammals
昼行哺乳动物	diurnal mammals
抓握	prehensile
装饰	groom
椎骨	vertebrae
棕色脂肪	brown fat
总目	superorders
祖龙	archosaurs
最大有氧代谢率	maximum aerobic metabolic rate
作为猎物	as prey
座头鲸	humpback whales

"走进大学"丛书书目

什么是地质?	殷长春	吉林大学地球探测科学与技术学院教授(作序)
	曾 勇	中国矿业大学资源与地球科学学院教授
		首届国家级普通高校教学名师
	刘志新	中国矿业大学资源与地球科学学院副院长、教授
什么是物理学?	孙 平	山东师范大学物理与电子科学学院教授
	李 健	山东师范大学物理与电子科学学院教授
什么是化学?	陶胜洋	大连理工大学化工学院副院长、教授
	王玉超	大连理工大学化工学院副教授
	张利静	大连理工大学化工学院副教授
什么是数学?	梁 进	同济大学数学科学学院教授
什么是统计学?	王兆军	南开大学统计与数据科学学院执行院长、教授
什么是大气科学?	黄建平	中国科学院院士
		国家杰出青年科学基金获得者
	刘玉芝	兰州大学大气科学学院教授
	张国龙	兰州大学西部生态安全协同创新中心工程师
什么是生物科学?	赵 帅	广西大学亚热带农业生物资源保护与利用国家重点实验室副研究员
	赵心清	上海交通大学微生物代谢国家重点实验室教授
	冯家勋	广西大学亚热带农业生物资源保护与利用国家重点实验室二级教授
什么是地理学?	段玉山	华东师范大学地理科学学院教授
	张佳琦	华东师范大学地理科学学院讲师
什么是机械?	邓宗全	中国工程院院士
		哈尔滨工业大学机电工程学院教授(作序)
	王德伦	大连理工大学机械工程学院教授
		全国机械原理教学研究会理事长
什么是材料?	赵 杰	大连理工大学材料科学与工程学院教授

什么是金属材料工程？		
	王　清	大连理工大学材料科学与工程学院教授
	李佳艳	大连理工大学材料科学与工程学院副教授
	董红刚	大连理工大学材料科学与工程学院党委书记、教授(主审)
	陈国清	大连理工大学材料科学与工程学院副院长、教授(主审)
什么是功能材料？	李晓娜	大连理工大学材料科学与工程学院教授
	董红刚	大连理工大学材料科学与工程学院党委书记、教授(主审)
	陈国清	大连理工大学材料科学与工程学院副院长、教授(主审)
什么是自动化？	王　伟	大连理工大学控制科学与工程学院教授 国家杰出青年科学基金获得者(主审)
	王宏伟	大连理工大学控制科学与工程学院教授
	王　东	大连理工大学控制科学与工程学院教授
	夏　浩	大连理工大学控制科学与工程学院院长、教授
什么是计算机？	嵩　天	北京理工大学网络空间安全学院副院长、教授
什么是人工智能？	江　贺	大连理工大学人工智能大连研究院院长、教授 国家优秀青年科学基金获得者
	任志磊	大连理工大学软件学院教授
什么是土木工程？	李宏男	大连理工大学土木工程学院教授 国家杰出青年科学基金获得者
什么是水利？	张　弛	大连理工大学建设工程学部部长、教授 国家杰出青年科学基金获得者
什么是化学工程？	贺高红	大连理工大学化工学院教授 国家杰出青年科学基金获得者
	李祥村	大连理工大学化工学院副教授
什么是矿业？	万志军	中国矿业大学矿业工程学院副院长、教授 入选教育部"新世纪优秀人才支持计划"
什么是纺织？	伏广伟	中国纺织工程学会理事长(作序)
	郑来久	大连工业大学纺织与材料工程学院二级教授
什么是轻工？	石　碧	中国工程院院士 四川大学轻纺与食品学院教授(作序)
	平清伟	大连工业大学轻工与化学工程学院教授

什么是海洋工程?	柳淑学	大连理工大学水利工程学院研究员
		入选教育部"新世纪优秀人才支持计划"
	李金宣	大连理工大学水利工程学院副教授

什么是船舶与海洋工程?

张桂勇　大连理工大学船舶工程学院院长、教授
　　　　国家杰出青年科学基金获得者
汪　骥　大连理工大学船舶工程学院副院长、教授

什么是海洋科学?　管长龙　中国海洋大学海洋与大气学院名誉院长、教授

什么是航空航天?　万志强　北京航空航天大学航空科学与工程学院副院长、教授
　　　　　　　　杨　超　北京航空航天大学航空科学与工程学院教授
　　　　　　　　　　　　入选教育部"新世纪优秀人才支持计划"

什么是生物医学工程?

万遂人　东南大学生物科学与医学工程学院教授
　　　　中国生物医学工程学会副理事长(作序)
邱天爽　大连理工大学生物医学工程学院教授
刘　蓉　大连理工大学生物医学工程学院副教授
齐莉萍　大连理工大学生物医学工程学院副教授

什么是食品科学与工程?

朱蓓薇　中国工程院院士
　　　　大连工业大学食品学院教授

什么是建筑?　齐　康　中国科学院院士
　　　　　　　　　　　东南大学建筑研究所所长、教授(作序)
　　　　　　唐　建　大连理工大学建筑与艺术学院院长、教授

什么是生物工程?　贾凌云　大连理工大学生物工程学院院长、教授
　　　　　　　　　　　　　入选教育部"新世纪优秀人才支持计划"
　　　　　　　　袁文杰　大连理工大学生物工程学院副院长、副教授

什么是物流管理与工程?

刘志学　华中科技大学管理学院二级教授、博士生导师
刘伟华　天津大学运营与供应链管理系主任、讲席教授、博士生导师
　　　　国家级青年人才计划入选者

什么是哲学?　林德宏　南京大学哲学系教授
　　　　　　　　　　　南京大学人文社会科学荣誉资深教授
　　　　　　刘　鹏　南京大学哲学系副主任、副教授

什么是经济学？	原毅军	大连理工大学经济管理学院教授
什么是经济与贸易？		
	黄卫平	中国人民大学经济学院原院长
		中国人民大学教授(主审)
	黄　剑	中国人民大学经济学博士暨世界经济研究中心研究员
什么是社会学？	张建明	中国人民大学党委原常务副书记、教授(作序)
	陈劲松	中国人民大学社会与人口学院教授
	仲婧然	中国人民大学社会与人口学院博士研究生
	陈含章	中国人民大学社会与人口学院硕士研究生
什么是民族学？	南文渊	大连民族大学东北少数民族研究院教授
什么是公安学？	靳高风	中国人民公安大学犯罪学学院院长、教授
	李姝音	中国人民公安大学犯罪学学院副教授
什么是法学？	陈柏峰	中南财经政法大学法学院院长、教授
		第九届"全国杰出青年法学家"
什么是教育学？	孙阳春	大连理工大学高等教育研究院教授
	林　杰	大连理工大学高等教育研究院副教授
什么是小学教育？	刘　慧	首都师范大学初等教育学院教授
什么是体育学？	于素梅	中国教育科学研究院体育美育教育研究所副所长、研究员
	王昌友	怀化学院体育与健康学院副教授
什么是心理学？	李　焰	清华大学学生心理发展指导中心主任、教授(主审)
	于　晶	辽宁师范大学教育学院教授
什么是中国语言文学？		
	赵小琪	广东培正学院人文学院特聘教授
		武汉大学文学院教授
	谭元亨	华南理工大学新闻与传播学院二级教授
什么是新闻传播学？		
	陈力丹	四川大学讲席教授
		中国人民大学荣誉一级教授
	陈俊妮	中央民族大学新闻与传播学院副教授
什么是历史学？	张耕华	华东师范大学历史学系教授
什么是林学？	张凌云	北京林业大学林学院教授
	张新娜	北京林业大学林学院副教授

什么是动物医学？	陈启军	沈阳农业大学校长、教授
		国家杰出青年科学基金获得者
		"新世纪百千万人才工程"国家级人选
	高维凡	曾任沈阳农业大学动物科学与医学学院副教授
	吴长德	沈阳农业大学动物科学与医学学院教授
	姜　宁	沈阳农业大学动物科学与医学学院教授
什么是农学？	陈温福	中国工程院院士
		沈阳农业大学农学院教授（主审）
	于海秋	沈阳农业大学农学院院长、教授
	周宇飞	沈阳农业大学农学院副教授
	徐正进	沈阳农业大学农学院教授
什么是植物生产？	李天来	中国工程院院士
		沈阳农业大学园艺学院教授
什么是医学？	任守双	哈尔滨医科大学马克思主义学院教授
什么是中医学？	贾春华	北京中医药大学中医学院教授
	李　湛	北京中医药大学岐黄国医班(九年制)博士研究生

什么是公共卫生与预防医学？

	刘剑君	中国疾病预防控制中心副主任、研究生院执行院长
	刘　珏	北京大学公共卫生学院研究员
	么鸿雁	中国疾病预防控制中心研究员
	张　晖	全国科学技术名词审定委员会事务中心副主任
什么是药学？	尤启冬	中国药科大学药学院教授
	郭小可	中国药科大学药学院副教授
什么是护理学？	姜安丽	海军军医大学护理学院教授
	周兰姝	海军军医大学护理学院教授
	刘　霖	海军军医大学护理学院副教授
什么是管理学？	齐丽云	大连理工大学经济管理学院副教授
	汪克夷	大连理工大学经济管理学院教授

什么是图书情报与档案管理？

	李　刚	南京大学信息管理学院教授
什么是电子商务？	李　琪	西安交通大学经济与金融学院二级教授
	彭丽芳	厦门大学管理学院教授

什么是工业工程?	郑　力	清华大学副校长、教授(作序)
	周德群	南京航空航天大学经济与管理学院院长、二级教授
	欧阳林寒	南京航空航天大学经济与管理学院研究员
什么是艺术学?	梁　玖	北京师范大学艺术与传媒学院教授
什么是戏剧与影视学?		
	梁振华	北京师范大学文学院教授、影视编剧、制片人
什么是设计学?	李砚祖	清华大学美术学院教授
	朱怡芳	中国艺术研究院副研究员
什么是有机化学?	[英]格雷厄姆·帕特里克(作者)	
		西苏格兰大学有机化学和药物化学讲师
	刘　春(译者)	
		大连理工大学化工学院教授
	高欣钦(译者)	
		大连理工大学化工学院副教授
什么是晶体学?	[英]A.M.格拉泽(作者)	
		牛津大学物理学荣誉教授
		华威大学客座教授
	刘　涛(译者)	
		大连理工大学化工学院教授
	赵　亮(译者)	
		大连理工大学化工学院副研究员
什么是三角学?	[加]格伦·范·布鲁梅伦(作者)	
		奎斯特大学数学系协调员
		加拿大数学史与哲学学会前主席
	雷逢春(译者)	
		大连理工大学数学科学学院教授
	李风玲(译者)	
		大连理工大学数学科学学院教授
什么是对称学?	[英]伊恩·斯图尔特(作者)	
		英国皇家学会会员
		华威大学数学专业荣誉教授

刘西民（译者）
　　大连理工大学数学科学学院教授

李风玲（译者）
　　大连理工大学数学科学学院教授

什么是麻醉学？　[英]艾登·奥唐纳（作者）
　　英国皇家麻醉师学院研究员
　　澳大利亚和新西兰麻醉师学院研究员

毕聪杰（译者）
　　大连理工大学附属中心医院麻醉科副主任、主任医师
　　大连市青年才俊

什么是药品？　[英]莱斯·艾弗森（作者）
　　牛津大学药理学系客座教授
　　剑桥大学MRC神经化学药理学组前主任

程　昉（译者）
　　大连理工大学化工学院药学系教授

张立军（译者）
　　大连市第三人民医院主任医师、专业技术二级教授
　　"兴辽英才计划"领军医学名家

什么是哺乳动物？　[英]T.S.肯普（作者）
　　牛津大学圣约翰学院荣誉研究员
　　曾任牛津大学自然历史博物馆动物学系讲师
　　牛津大学动物学藏品馆长

田　天（译者）
　　大连理工大学环境学院副教授

王鹤霏（译者）
　　国家海洋环境监测中心工程师

什么是兽医学？　[英]詹姆斯·耶茨（作者）
　　英国皇家动物保护协会首席兽医官
　　英国皇家兽医学院执业成员、官方兽医

马　莉（译者）
　　大连理工大学外国语学院副教授

什么是生物多样性保护？

    [英]大卫·W. 麦克唐纳（作者）
      牛津大学野生动物保护研究室主任
      达尔文咨询委员会主席
   杨 君（译者）
      大连理工大学生物工程学院党委书记、教授
      辽宁省生物实验教学示范中心主任
   张 正（译者）
      大连理工大学生物工程学院博士研究生
   王梓丞（译者）
      美国俄勒冈州立大学理学院微生物学系学生